Marc Daniels
Der Himmelsgarten

# MARC DANIELS

# Der Himmelsgarten

## Das Handbuch des spirituellen Gärtners

Aus dem Amerikanischen bearbeitet und übersetzt von
Jochen Winter

Allegria

Allegria ist ein Verlag der Ullstein Buchverlage GmbH, Berlin.
Herausgeber: Michael Görden

ISBN 978-3-7934-2197-9

© der deutschen Ausgabe 2011 by Ullstein Buchverlage GmbH, Berlin
© des Originalmanuskripts
THE HANDBOOK OF THE SPIRITUAL GARDENER
2010 by Marc Daniels
Bearbeitung und Übersetzung: Jochen Winter
Umschlaggestaltung: FranklDesign, München
Umschlagillustration: Bridgeman, Berlin
Satz: Keller & Keller GbR
Gesetzt aus der Garamond
Druck und Bindung: GGP Media GmbH, Pößneck
Printed in Germany

# Inhalt

*Herr von Ribbeck auf*
*Ribbeck im Havelland*

Herr von Ribbeck auf Ribbeck im Havelland,
Ein Birnbaum in seinem Garten stand,
Und kam die goldene Herbsteszeit
Und die Birnen leuchteten weit und breit,
Da stopfte, wenn's Mittag vom Turme scholl,
Der von Ribbeck sich beide Taschen voll,
Und kam in Pantinen ein Junge daher,
So rief er: »Junge, wiste 'ne Beer?«
Und kam ein Mädel, so rief er: »Lütt Dirn,
Kumm man röwer, ick hebb 'ne Birn.«

So ging es viel Jahre, bis lobesam
Der von Ribbeck auf Ribbeck zu sterben kam.
Er fühlte sein Ende. 's war Herbsteszeit,
Wieder lachten die Birnen weit und breit;
Da sagte von Ribbeck: »Ich scheide nun ab.
Legt mir eine Birne mit ins Grab.«
Und drei Tage drauf, aus dem Doppeldachhaus,
Trugen von Ribbeck sie hinaus,
Alle Bauern und Büdner mit Feiergesicht
Sangen »Jesus meine Zuversicht«,
Und die Kinder klagten, das Herze schwer:
»He is dod nu. Wer giwt uns nu 'ne Beer?«

So klagten die Kinder. Das war nicht recht –
Ach, sie kannten den alten Ribbeck schlecht;
Der neue freilich, der knausert und spart,
Hält Park und Birnbaum strenge verwahrt.
Aber der alte, vorahnend schon
Und voll Mißtraun gegen den eigenen Sohn,

Der wußte genau, was damals er tat,
Als um eine Birn' ins Grab er bat,
Und im dritten Jahr aus dem stillen Haus
Ein Birnbaumsprößling sproßt heraus.

Und die Jahre gingen wohl auf und ab,
Längst wölbt sich ein Birnbaum über dem Grab,
Und in der goldenen Herbsteszeit
Leuchtet's wieder weit und breit.
Und kommt ein Jung' übern Kirchhof her,
So flüstert's im Baume: »Wiste 'ne Beer?«
Und kommt ein Mädel, so flüstert's: »Lütt Dirn,
Kumm man röwer, ick gew' di 'ne Birn.«

So spendet Segen noch immer die Hand
Des von Ribbeck auf Ribbeck im Havelland.

*Theodor Fontane*

# Einleitung

Seit den frühen Tagen der Menschheit ist der Gartenbau auf die eine oder andere Weise in Kultur und Gesellschaft integriert. In vergangenen Epochen wusste der Mensch instinktiv, wie er in und mit der Natur leben konnte, ohne sie auszubeuten. Als dann unsere individuellen und kollektiven Wünsche immer größer wurden, mussten wir auf Wissenschaft und Technologie zurückgreifen, um wirksamere Methoden zur landwirtschaftlichen Nutzung zu entwickeln und damit den Ertrag einer bestimmten Parzelle zu steigern. Bis zu einem gewissen Grad war dieser Prozess notwendig.

In neuerer Zeit aber wurde er zunehmend durch Ausbeutung und Habgier vorangetrieben. Leider schien gerade die Habgier unsere besten Kräfte zu entfesseln. Im Versuch, jenes kollektive Streben im Zaum zu halten, haben die Menschen ethische Grundsätze für den Gartenbau ersonnen. Damit sollte verhindert werden, dass die Wünsche der wenigen die Bedürfnisse der vielen negativ beeinflussen. Doch selbst diese Gesetze, Vorschriften, Werte und ethischen Grundsätze konnten unser Verlangen nach immer mehr nicht bremsen.

Die Natur gibt uns nun zu verstehen, dass wir unsere Gewohnheiten ändern müssen. Die Ozonschicht schwindet in atemberaubendem Tempo, das Klima wandelt sich, und wir sind im Begriff, unsere nicht erneuerbaren Ressourcen zu erschöpfen.

Andererseits liegt die Lösung nicht in der Rückkehr zur »guten alten Zeit«. Um weiterhin voranzuschreiten, müssen wir tiefer in unser Bewusstsein hinabsteigen, als wir es je versucht haben, und das heißt: unsere Ziele überprüfen. Auf der Suche nach der höchsten Fülle müssen wir lernen, unsere Wünsche jenem Gleichgewicht anzupassen, das nur die pflanzlichen Schöpfungen der Natur so spontan begreifen. Wir müssen uns mit dem uralten Traum auseinandersetzen, das himmlische Utopia von Herz und Geist zu erreichen. Wir müssen unsere Wünsche erkennen und die der Natur innewohnende Inspiration und Motivation, sich selbst zu steuern, zum Vorschein bringen.

Es steht viel auf dem Spiel – nicht weniger als die Auslöschung oder die Weiterentwicklung der Menschheit. Um diese Krise zu überwinden in Richtung auf das, was ich als den nächsten Schritt in der menschlichen Evolution bezeichne, müssen wir anfangen, unser kollektives Bewusstsein gründlicher zu erforschen, als wir es je gewagt haben. Das bedeutet, die Ursachen und Mechanismen tief eingefleischter Überzeugungen näher zu beleuchten.

Anstelle der Gesetzgebung und Steuerung von oben brauchen wir Inspiration, Motivation von unten – und darüber hinaus die geistige Wiederverbindung mit der eigentlichen Quelle menschlicher Sehnsucht.

In der gleichen Weise, wie die Technologie solche Verfahren wie die magnetische Resonanzspektroskopie hervorgebracht hat, um uns ein schärferes Bild unseres Bindegewebes zu übermitteln, sollten wir nach Methoden suchen, die Öko-Ethik der Gesellschaft genauer zu untersuchen. Indem wir herausfinden, worauf das Zusammenspiel unserer Überzeugungen gründet, beginnen wir nicht nur die Gegenwart zu verstehen, sondern können in gewissem Maße auch den künftigen Gang der Ereignisse vorhersagen.

Einige meinen, der himmlische Garten sei eine utopische Vorstellung, die der Vergangenheit angehöre, während andere sich gerne dem Glauben hingeben, ein solches Ideal könne in der Zukunft durchaus verwirklicht werden. Im Gegensatz zu den Millionen von Blumenkindern, die in den 1960er-Jahren beschlossen, sich gegen die moralischen Normen ihrer Väter aufzulehnen, vertrete ich eine abweichende Auffassung. Ich denke, anstatt die Gesellschaft und ihre spezifischen Erscheinungsformen anzugreifen, ist es weitaus konstruktiver, die Fundamente zu beleuchten, auf denen unsere gesamte Zivilisation aufbaut. Manchmal scheint mir, dass viele ihrer Probleme gelöst werden könnten, wenn wir in Herz und Geist einfach nur eine innige Verbindung herstellten zu der verschwenderischen Kraft der Natur, welche uns die tiefsten Einsichten überhaupt gewährt.

Im Herbst 2005 befand ich mich in den Büroräumen von Jim Hagedorn, dem Geschäftsführer von Scotts-Miracle Gro® in Marysville, Ohio, der weltweit größten Firma für Gartenprodukte mit einem Jahresumsatz von 8 Milliarden Dollar. Als Hobbygärtner kennen Sie wahrscheinlich deren Marken Substral® und Celaflor®. Jim und ich wuchsen gemeinsam in dieser Branche auf. Unsere Väter Horace Hagedorn und Richard Daniels waren enge Freunde. Und es gab noch etwas, das uns miteinander verband: Wir beide waren die Söhne von Chefs. Ich bin der Enkel von Ross Daniels, dem Erfinder des sogenannten *Ross Root Feeder*®, eines Geräts des Hobbygärtners, das tief verwurzelten Bäumen Nährstoffe und Wasser zuführt. Mein Vater war in Ross' Fußstapfen getreten, indem er – zusammen mit seinem Bruder Jay – die Leitung von Ross Daniels, Inc. übernahm, und ich bin dann in die Fußstapfen meines Großvaters und meines Vaters getreten.

Horace Hagedorn gilt als Pionier der grünen Branche in den Vereinigten Staaten. Neben meinem eigenen Vater betrachtete ich ihn als großen Mentor. Er war ein Mensch, der an meiner persönlichen und beruflichen Entwicklung reges Interesse hatte, und dafür werde ich ihm stets dankbar sein. Außerdem war er ein wunderbarer Freund der Familie. Nach dem Tod meines Vaters im Jahre 1988 bat er seine Angestellten auf der National Hardware Show, der größten amerikanischen Gartenfachmesse, unseren Stand zu beaufsichtigen, damit unsere Angestellten an der Beisetzung teilnehmen konnten. Es versteht sich von selbst, dass Horace unter den ersten Trauergästen war. Ich möchte das hervorheben, damit Sie als Leser sehen: Hinter jedem großartigen Gartenfachartikel, den Sie im Geschäft erwerben, steht aller Wahrscheinlichkeit nach eine noch großartigere Persönlichkeit, die ihn gestaltete und prägte.

In anderen Branchen werden die Grundmotive von der Industrie nur allzu oft infrage gestellt. In unserer Branche dagegen sehen sich auch die Wettbewerber als Angehörige einer großen verantwortungsbewussten Familie.

Kurz nach dem Tod meines Vaters wurde das Familienunternehmen verkauft, aber meine beruflichen Verbindungen zur Branche Gartenbau und Rasenpflege rissen nie ab. Im Gegenteil, ich breitete meine Flügel aus und begann, in einer rapide expandierenden Weltwirtschaft günstige Gelegenheiten für andere Firmen ausfindig zu machen. Dabei kam mir ein weiterer strategischer Vorteil zugute. Im Laufe der Jahre hatte ich nämlich das Interesse und die

Leidenschaft entwickelt, in der deutschen Sprache zu kommunizieren. Zu jener Zeit war diese Art von Sprachbeherrschung atypisch unter amerikanischen Geschäftsleuten, und ich bediente mich dieser Kenntnisse, wo immer ich konnte. Dadurch wurde ich in verschiedenen Bereichen gleichsam zum Experten, dem sich etliche Türen öffneten. In unserer Branche erwarb ich den Ruf, der bevorzugte Ansprechpartner zu sein, wenn es um Handelsbeziehungen mit Deutschland und anderen deutschsprachigen Ländern geht. In mehrfacher Hinsicht wurde ich deshalb bekannt als »Verbindungsglied« oder »Brückenbauer«. Eine meiner ersten Aufgaben bestand darin, einen Adapter zu finden, mit dem man die in den USA üblichen Gartenschläuche an europäische Wasserhähne anschließen konnte. Mir war mitgeteilt worden, dass man trotz großer Anstrengungen vergeblich nach einem solchen gesucht hatte.

Sofort kontaktierte ich die Gardena AG in Ulm, jene Firma, die das Stecksystem für den Gartenschlauch erfunden und es auch für amerikanische Schlauchgewinde entwickelt hat. Dieses System erinnert mich ein bisschen an das DNS-Modell von Watson und Crick, das die verschiedenen Moleküle miteinander verbindet. Ich

17

schlug vor, ein amerikanisches Schlauchstück mit einem deutschen Wasserhahnstück zu kombinieren. Voilà! Es war, als hätte ich den Druck des fließenden Wassers fühlen können, und die Weisheit des Wassers gab mir die Lösung ein. Wie schon gesagt, meines Erachtens könnten zahlreiche Probleme gelöst werden, wenn wir uns gedanklich und gefühlsmäßig mit der verschwenderischen Kraft der Natur in Einklang bringen würden.

An jenem besonderen Morgen in Ohio war ich also bereit, unerforschtes Gebiet zu betreten, in das sich noch kein Unternehmensberater vorgewagt hatte. Die Beziehung zwischen Jim und mir ist folgendermaßen beschaffen: Wenn ich glaube, eine wirklich neue und einzigartige Idee zu haben, die ich ihm gerne unterbreiten möchte, dann entscheidet er im Zweifelsfall zu meinen Gunsten und plant ohne Zögern einen Termin für uns ein. In diesem speziellen Fall war unser Gesprächsthema die Verbindung zwischen Gartenbau und Spiritualität. Ich hatte in Israel einige Dokumente und Essays entdeckt, die Methodik und Intention im Gartenbau auf geistige Wurzeln zurückführten. Es ging nicht nur um Gartenbau im Allgemeinen, sondern um die Ausführung bestimmter Aufgaben wie Düngen, Beschneiden, Pflanzenschutz, die im Wesentlichen der Arbeit an Geist und Seele entsprechen.

Meine Beweggründe, Jim Hagedorn aufzusuchen, waren nicht völlig aus der Luft gegriffen. Möglicherweise war ich auf ein uraltes Wissen gestoßen, das Gärtnern helfen konnte, das Wunder in Miracle-Gro®-Produkten besser zu verstehen.

In seinem aufschlussreichen Buch *Fables of Abundance: a Cultural History of Advertising in America* behandelt Jackson Lears die historischen Voraussetzungen sowie die kulturelle Bedeutung der modernen Werbestrategien. Gemäß der christlichen Ethik würde ein Produkt, das Genuss und Luxus anpreist, negativ eingestuft, wenn es nicht auch eine umfassendere Wertvorstellung beinhaltete. Werbefachleute »fördern die Neubewertung scheinbar unnützer Gegenstände und die Anerkennung der Verbindungen zwischen Materie und Geist, Gedanken und Dingen«, schreibt Lears. In einem zunehmend auf Wettbewerb ausgerichteten Umfeld suchen Marketingleiter nach Vorzügen jenseits des materiellen Überflusses. In diesem Zusammenhang bestand unser Ziel also darin, eine Marke zu platzieren, mit der eine tiefere Verbindung zur Natur hergestellt werden konnte.

Jim und seine Mitarbeiter lauschten geduldig meinen Ausführungen. Aber am Ende des Tages gestanden sie mir, es sei ihnen völlig schleierhaft, wie sie jene uralte Weisheit den amerikanischen Gärtnern vermitteln könnten. Hier lag die eigentliche Ursache des Problems. Obwohl die Vorstellung vom Garten Eden Judentum, Christentum und Islam gemein ist und sie alle diesen Zustand der Vollkommenheit ersehnen, hatte die Suche danach zu konkurrierenden Werten, heiligen Kriegen, Kreuzzügen, geopolitischen Auseinandersetzungen und sogar zum schlimmsten Schrecken überhaupt geführt – zum Holocaust.

Jim meinte, aufgrund derartiger Assoziationen bestünde doch die Gefahr, eine etablierte Marke zu beschädigen, und bat mich auf sehr höfliche und freundliche Weise, meinen Entwurf noch einmal gründlich zu überarbeiten. Er gab mir den wichtigen Hinweis, dass all das, was mir daran lohnenswert erschiene, in deutlicher, ansprechender Form ohne irgendeine verletzende Bemerkung erklärt werden und letztlich auf die Fläche eines Autoaufklebers passen müsse.

Ich beherzigte seinen Rat und nahm die Herausforderung an. Seit jenem aufrichtigen Gespräch sind inzwischen fünf Jahre vergangen. In meiner beruflichen Laufbahn waren mir einige der verblüffendsten Ideen auf Spaziergängen durch Parks, Gärten und Landschaften gekommen. Diese Aufgabe würde jedoch wesentlich anspruchsvoller sein als alles, was ich bislang unternommen hatte. Nach unserem Treffen reiste ich nach Israel, Mexiko, durch die Vereinigten Staaten und durch Deutschland, ja sogar in die Vereinigten Arabischen Emirate, um weitere Einsichten zu gewinnen.

Während dieser Untersuchung gingen mir immer wieder drei Wörter durch den Kopf, nämlich die von Georg Wilhelm Friedrich Hegel: These, Antithese, Synthese. Nachdem ich einen ziemlich langen, in Deutsch geschriebenen Aufsatz gelesen hatte, der davon handelte, wie der jüdische Gelehrte Yehuda Ashlag die Geheimlehre der Kabbala mit Hegel und anderen bekannten europäischen Philosophen in Verbindung brachte[1], überlegte ich, in welch hohem Maße die Symbolik des Gartenbaus unsere täglichen Vorstellungen und Ausdrucksformen durchzieht, obwohl diese auf den ersten Blick nicht viel mit ihr zu tun haben: Familienstammbaum, der Spruch »Zurück zu den Wurzeln«, Wurzelkanalbehandlung an Zähnen, Quadratwurzel, ja selbst der Begriff »Wortstamm«. So wanderte ich weiter durch Parks auf der ganzen Welt, setzte meine Beobachtungen fort und gelangte von einer Synthese zur nächsten.

Um die heilsame Wirkung der Gartenarbeit zu verstärken, wäre es notwendig, die ihr eigene Ethik zu beleuchten und so eine tiefere Form von Spiritualität zu entdecken. Dazu wiederum müsste man jene im Innern verborgene Motivation aufspüren, die eine erwachende Leidenschaft für den Gartenbau wünschenswert erscheinen ließe. In ähnlicher Weise, wie der bereits erwähnte *Ross Root Feeder* den tiefsten Wurzeln der Baume Nährstoffe und Wasser zuführt und damit die Schichten des höher gelegenen, gleichsam konkurrierenden Wurzelwerks durchdringt, würde diese Suche auf eine Erforschung und Erklärung der tiefsten Quellen menschlicher Wünsche abzielen. Letztlich ginge es um den Unterschied zwischen den »von oben« vorgegebenen Dogmen der traditionellen Religionen und der »von unten« aufsteigenden Inspiration durch Spiritualität. »Eine religiöse Erfahrung hängt damit zusammen, dass man praktiziert, was einem überliefert wurde. Obwohl sie Menschen Überzeugungen, Bräuche, Rituale bescheren mag, die deren Bedürfnis nach Sicherheit und sozialer Zugehörigkeit wie auch nach persönlichem Wohlgefühl stillen, bleibt sie doch ein ›Reden über‹ und/oder die Ausübung einer (göttlichen oder menschlichen) Theologie und Praxis. Die spirituelle Erfahrung hingegen ist eine von innen her gesteuerte Suche nach (göttlicher oder menschlicher) Transzendenz. Sie bewirkt ein Aufblühen des Geistes, wobei hier das Individuum seine kontemplativen Fähigkeiten schöpferisch entwickelt …«[2]

Welcher Glaubenslehre Sie auch anhängen mögen – die Erweckung dieser verborgenen Leidenschaft durch einen sorgsamen Umgang mit der Natur würde dazu beitragen, die spirituelle Erfahrung zu vertiefen und zu erweitern, ohne dass Ihre bestehenden religiösen Überzeugungen geändert werden müssten.

Was mir vorschwebte, war noch nie versucht worden – eine spirituelle Philosophie des Gärtnerns, die umfassend und verständlich genug wäre, um auch den Durchschnittsgärtner zu inspirieren, und die zugleich weit verbreitete, wenn auch bisher unausgesprochene Gefühle hinsichtlich des Gärtnerns zum Ausdruck bringen würde. Diese Philosophie sollte so angelegt sein, dass sie mit der persönlichen Auffassung oder religiösen Überzeugung der Hobbygärtner nicht in Konflikt geriete. Dazu bedürfte es der ökologischen Ethik des Gartens, die in einem äußerst motivierenden und inspirierenden Rahmen zu verankern wäre.

Vor allem aber sollte dies eine Geschichte sein, die zu erzählen ich als Enkel des *Ross Root Feeder*-Erfinders wohl besonders geeignet bin. Den Wurzeln im Boden Nahrung zuzuführen bedeutet im übertragenen Sinne, dass man seinen Antrieb untersucht, fördert und »erzieht«, auf den tiefsten Ebenen nach geistiger Erfüllung zu streben. Wenn Bäume sprechen könnten, würden sie wahrscheinlich diese Botschaft an die Menschheit weitergeben.

Wenn Menschen über die Erschaffung von etwas nachdenken, assoziieren sie damit oft den Apfel. Ich für meinen Teil habe beschlossen, mit dieser Gewohnheit zu brechen und ein anderes Symbol zu benutzen, nämlich die *Birne* in der Flasche *Williams Christ Obstbrand*.

Wir führen ein aufwendiges Leben im Zeichen von Prestigekäufen und haben die Fähigkeit, jene Wurzeln zu fühlen, die uns mit dem Ursprünglichen verbinden, fast völlig verloren. Die abgeernteten Birnen mit dem darin eingeschlossenen »Geist« sowie der Korken verschärfen noch die Trennung. In Wirklichkeit aber besteht immer eine spirituelle Verbindung zu den Wurzeln. Den »entfremdeten« Zustand zu erkennen und zu lernen, wie man die Kluft überbrückt – davon handelt das vorliegende Buch.

Es wird veranschaulichen, wie Sie aus Ihrer Tätigkeit im Garten eine viel größere Befriedigung ziehen können, während Sie Unkraut jäten, Zweige stutzen oder Ihren Kindern beibringen, einen Rosenbusch zu pflanzen. Solche Rituale können tatsächlich helfen, Ihre Wahrnehmung grundlegend zu verändern – also den Korken in der Flasche nicht mehr als eine undurchdringliche Barriere aufzufassen, sondern als eine Membran, die den Vorgang der Osmose ermöglicht. Dann wird Ihnen die verborgene Absicht bewusst, jene Kluft zu überwinden und den tieferen Ursprung menschlicher Sehnsucht zu erforschen.

Sie werden allmählich verstehen, warum die Natur Sie zunächst von der sogenannten »geistigen Wirklichkeit« abtrennte und wie Sie beim Gärtnern schon durch eine leichte Verschiebung des Blickwinkels an dieser Osmose teilhaben können, von der Sie sich vorher ausgeschlossen glaubten. Mit anderen Worten: Sie werden mit Kopf und Herz begreifen, wie es sich anfühlt, mit der Natur *verbunden* zu sein, anstatt mit ihr nur im Dialog zu stehen.

Darüber hinaus sollte die hier entworfene Philosophie einige wesentliche Aspekte der Anthroposophie mit einbeziehen und neu beleuchten – eine bestimmte Wahrnehmung der Wirklichkeit, die insbesondere auf die Ethik des ökologischen Gartenbaus in Deutschland einen nachhaltigen Einfluss ausgeübt hat. Um diese Art von Nachforschung anzustellen, würde ich meine eigenen Wurzeln – meine Herkunft, meine Erfahrungswelt – durchdringen und mich wieder mit dem Fundament selbst verbinden müssen.

Jedes Mal, wenn wir eine Pflanze an den Wurzeln nähren, beginnen wir intuitiv, uns mit unseren tiefsten geistigen Wurzeln in Einklang zu bringen. Und in dem Maße, wie wir mit der Natur harmonieren, verinnerlichen wir einen Teil jener himmlischen Kraft, die der gesamten Schöpfung innewohnt. Wenn wir dagegen der Natur zuwiderhandeln, bleiben wir losgelöst von ihr oder werden immer unempfänglicher für sie, die mit uns ja in Beziehung treten wollte.

Wer im Garten arbeitet, verfügt über einen natürlichen Vorteil gegenüber demjenigen, der dies nicht tut. Ich bin zu der Einsicht gelangt, dass Gärtner ein breiteres Spektrum der Wirklichkeit erleben, wodurch sie Gleichgültigkeit und Hass, die so oft unter Menschen vorherrschen, tatsächlich überwinden können. Am eigenen Leibe erfahren sie den besonderen Zusammenhang, der zwischen dem körperlichen und dem geistigen Universum besteht. Sobald ein Gärtner dieses einzigartige Band einmal kennengelernt hat, wird die Empfindung der Ewigkeit den geheimen, zugleich aber äußerst starken Instinkt wachrufen, es zu bewahren, ungeachtet der flüchtigen Regungen, es zu zerschneiden. Nachdem ich die Wurzeln eines Baumes gehegt und gepflegt habe, überkommt mich stets ein außergewöhnliches Gefühl. Heute verstehe ich, warum.

Im Mai 2009 traf ich meinen deutschen Verleger in einem herrlichen, am See gelegenen Park südlich von München. Ich erzählte ihm von dem Buchprojekt. Tief in meinem Innern war etwas, das danach verlangte, zur Sprache gebracht zu werden. Ich sagte, dass ich die abgefallenen Äste, Zweige und Blätter, die Wurzeln, das Unkraut, die Früchte, die Insekten und sogar die Vögel in der Luft in ein Konzept bannen könnte, das so inspirierend, motivierend und faszinierend wäre, dass viele Menschen abrupt innehielten, um auch nur einen einzigen kostbaren Augenblick im Garten zu verbringen.

Eine solche Botschaft unterschiede sich von anderen dadurch, dass sie tief verwurzelt wäre. Wie ein Theaterstück von Shakespeare könnte sie auf mehreren Ebenen erfasst und verstanden werden – von der Sozialethik über die Öko-Ethik bis hinab zu den tiefsten Quellen menschlicher Sehnsucht. Sie wäre gleichsam die »Mutter« aller Arbeiten und Bewegungen an der Basis.

Nach diesen Ausführungen gab mir der Verleger grünes Licht, mit der Niederschrift zu beginnen.

Im Geiste meines Großvaters, der den *Ross Root Feeder* ersonnen und seine Firma aufgebaut hatte, die über drei Generationen in Familienhand blieb, würde nun ich die Fackel weitertragen, seine Vision neu beleben, um meine Mitmenschen viel näher an die Natur heranzuführen und ihnen dadurch eine bisher unbekannte Dimension geistiger Erfüllung zu erschließen. Daher ist dieses Buch allen Liebhabern der Natur gewidmet – und natürlich auch meinem Großvater, der Quelle meiner Inspiration.

## 1

*Die Quelle meiner Inspiration*

Wenn ich, der Enkel des Mannes, der den *Root Feeder* erfand, meinen Familienstammbaum zurückverfolge, dann ist das nicht nur eine genealogische Übung; ich vergegenwärtige mir dabei auch, wie sich unser Familienunternehmen entwickelt hat.

Nach meinen Schätzungen stehen allein in den Vereinigten Staaten etwa 10 Millionen dieser Geräte in Garagen und Schuppen. Darüber hinaus werden ähnliche Modelle in anderen Teilen der Welt von örtlichen Firmen vermarktet. In Deutschland ist dieses Produkt unter der Bezeichnung »Düngelanze«, »Düngesonde« oder auch »Wurzelbewässerer« bekannt.

Meine Großmutter spielte im Unternehmen ihres Mannes eine wichtige Rolle. Dank ihrer Erfahrungen im Zeitungswesen wurde sie Leiterin der Public-Relations-Abteilung. Ihre an Gärtner gerichteten Artikel erschienen in Magazinen und anderen Medien in den Vereinigten Staaten, Kanada und Europa. Die beiden Söhne (Jay und Richard) gehörten ebenfalls dem Familienbetrieb in Des Moines, Iowa, an.

Ethel besaß ein Sammelalbum, das ihr Stolz und ihre Freude war. Am 21. August 1980 schrieb sie auf die vordere Innenseite des Umschlags folgende Huldigung: »Gärtner bezeichneten diesen *Root Feeder* als die Antwort auf das Gebet des Gärtners.« Überall im Sammelalbum finden sich Doppelzeilen, die jede nur erdenkliche Form von Liebe und Wertschätzung zum Ausdruck bringen. Nach ihrem Tod entdeckte ich darin auch Postkarten vom Botanischen Garten in New York, von der *New York Times*, dem *Newsday*, den *Charlotte News*, dem *Philadelphia Enquirer* usw. Unter sämtlichen Zeitungsbeiträgen ragte einer besonders heraus, jener nämlich, in dem des Admirals Chester W. Nimitz gedacht wurde. Darunter hatte meine Großmutter mit eigener Hand geschrieben: »Artikel zum Geburtstag von Admiral Chester W. Nimitz und über seinen *Root Feeder*. Im Laufe der Jahre empfahl er vielen den *Ross Root Feeder*.«

Ethel war unter den Gartenautoren Amerikas eine wohlbekannte Persönlichkeit. 1966 schenkte sie Larry Groves, dem Herausgeber des Magazins *Better Homes & Gardens*, eine »Ethel Daniels Rose« – zur Anerkennung und zum Dank dafür, dass er Menschen inspirierte, durch Gartenarbeit mit der Natur in Berührung zu kommen.

Im Januar 1967 reiste Cora A. Harris, eine Journalistin, die sich mit Themen rund um den Garten beschäftigte, nach Miami Beach, um meinen Großvater Ross und meine Großmutter Ethel zu interviewen. Hier einige Auszüge aus dem Artikel, den sie danach schrieb:

*Die Idee, Pflanzennahrung und Wasser in einem Instrument miteinander zu vermischen, wurde vor zwanzig Jahren (1947) »geboren«, als Ross Daniels aus Des Moines, Iowa, lange Zeit eine altmodische Wasserlanze betrachtete und sich entschloss, daraus ein modernes Gerät zu konstruieren. Die erste Überlegung galt der Frage, wie tief dieser* Root Feeder *in die Erde reichen sollte. Die Forschungsabteilung seiner Firma kam zu der Auffassung, das Rohr müsste eine Länge von 27 Inches (68,58 cm) haben, denn die nährenden Wurzeln in häuslichen Gärten lägen nur selten tiefer.*

*Die nächsten Schritte bestanden darin, ein Gerät herzustellen, das Heimgärtner problemlos an einen Wasserschlauch anschließen konnten, einen passenden Griff zum Ein- und Ausschalten zu entwickeln, der leicht zu betätigen war, und eine praktische, gut sichtbare Kammer anzubringen, in die kompakte, speziell zu diesem Zweck angefertigte Kartuschen mit Pflanzennahrung eingeführt werden konnten. Das Gerät fasst drei wasserlösliche Düngertabs und durchdringt mit seiner Lanze die oberen Bodenschichten. Und nachdem all diese Vorgaben erfüllt waren, wurden mehrere Experten für Pflanzennahrung beschäftigt, die dann 1946 die erste Mischung entwickelten.*

*Ross Daniels' Methode hat den wesentlichen Vorteil, dass Wasser und Pflanzennahrung direkt zu den Wurzeln gelangen und diese sofort versorgen. Dadurch werden Bäume, Sträucher, Rosen und andere Pflanzen vor der Gefahr heißer, trockener Sommertage geschützt. Das Wasser versiegt nicht.* [3]

Durch solche Empfehlungen wurden die Vorteile des *Root Feeder* immer bekannter, und es kamen auch Anfragen aus Übersee. 1967 reisten meine Großeltern nach Deutschland, wo sie mit der Groß-gärtnerei Horstmann & Co. Geschäftsbeziehungen knüpften, die über viele Jahre andauerten. Daraus entwickelte sich zwischen bei-den Familien eine enge Freundschaft. Es handelte sich um eben-jenen Adolf Horstmann, dessen Rosenzüchtung gleichen Namens weltweit bekannt war.

In meiner Kindheit hat Ethel oft von den »Horstmännern« und der bei ihnen herrschenden Gemütlichkeit erzählt. Während meiner Studienzeit absolvierte ich dann bei der Firma Horstmann ein Som-mer-Praktikum.

Da ich ein sehr wissbegieriger Typ bin, wollte ich nicht nur die Sprache lernen, sondern mir auch die deutsche Kultur mitsamt der Gartenkultur einverleiben. Es war mehr als eine gewöhnliche Aus-landserfahrung. Damals wurde tief in mir ein Feuer entfacht, das bis zum heutigen Tag brennt: das Verlangen, einen noch unbekann-ten Teil meines persönlichen Spektrums zu erforschen und auszukosten. So markierte dieser Aufenthalt einen wichtigen Wendepunkt in meinem Leben.

Die Entscheidung, in das Familienunternehmen einzusteigen, fiel kurz nachdem ich mein Studium beendet hatte. Die Aussicht, als Verkäufer quer durch die Vereinigten Staaten zu reisen und unsere Kunden kennenzulernen, verlockte mich. Wenn ich dabei oder auf Handelsmessen Geschäftsleuten deutscher Abstammung begegnete, mit denen ich in ihrer Sprache kommunizieren konnte, war das für mich eine doppelte Freude. Ich hatte die Möglichkeit, die gärtnerische Welt aus zwei Perspektiven zu betrachten.

Aus meiner Sicht sind die Deutschen »bodenständiger« als die Amerikaner und haben mehr Geduld mit dem relativ langsamen Wachstum der Bäume. Amerikaner hingegen sind »betriebsamer« und neigen dazu, öfter umzuziehen. Wer zum Beispiel von Philadelphia nach Denver wechselt, wird bald merken, dass das dortige Klima den in der früheren Heimat angepflanzten und liebgewonnenen Bäumen nicht zuträglich ist. Wenn er sie dennoch in seinem neuen Garten nicht missen will, muss er ihnen mit dem *Root Feeder* Nährstoffe und Wasser zuführen.

Darüber hinaus gibt es kulturelle Unterschiede, was das Verhältnis zum Garten betrifft. Deutsche Gartenkultur und Gartenethik sind stark traditionell geprägt. Der deutsche Hobbygärtner ist im Vergleich zum Amerikaner eher konservativ. Aus diesem Grund konnte sich das Gerät meines Großvaters trotz intensiver Bemühungen hierzulande nie wirklich durchsetzen.

In dem Maße aber, wie nun der Treibhauseffekt seinen Tribut fordert, werden die Sommer heißer und trockener. Daher könnte die sorgsame Pflege der unterirdischen Wurzeln enorm an Bedeutung gewinnen, eben weil das Wässern mit Gartenschlauch oder Sprinkleranlage keine nachhaltige Wirkung mehr zeitigt.

Das heißt, die Umweltkrise nötigt uns dazu, die verschiedenen Gartenkulturen auf einen gemeinsamen Nenner zu bringen. Je größer die damit verbundenen Herausforderungen sind, desto mehr werden die Gärtner weltweit gezwungen, die tiefsten Wurzeln der Natur aufzuspüren. Vielleicht ist ja Adolf Horstmann diese Besonderheit des *Root Feeder*s bewusst gewesen, als er ihn zur »Düngesonde« ernannte.

Während meiner Tätigkeit bei Ross Daniels, Inc. von 1976 bis 1989 bot sich mir die Gelegenheit, neben professionellen Gärtnern auch Hobbygärtner zu treffen, bei denen ich eine besondere geistige Ausrichtung auf die Natur und andere Menschen wahrnahm, die deutlich über dem Durchschnitt lag.

Zugleich bemühte ich mich in meinen frühen Berufsjahren darum, von ihnen das nötige Fachwissen zu erwerben. Allerdings rechnete ich nicht damit, dass etwas von ihrer Spiritualität auf mich »abfärben« würde. Diese Individuen schienen von der Natur tief berührt zu sein, und so ging ihre geistig verfeinerte Einstellung allmählich auf mich über. Das war eine unerwartete, aber äußerst angenehme Nebenwirkung meiner Erfahrung.

1989 wurde Ross Daniels, Inc. von der Firma Weatherly Consumer Products gekauft, die Jobe's Fertilizer Spikes – einen Dünger für Bäume – vertreibt. Schließlich erwarb Easy Gardener, Inc., bekannt für das Produkt WeedBlock – eine spezielle Folie oder Unterlage zur Unkrautbekämpfung, von der noch die Rede sein wird –, 1996 sowohl die Marke *Ross Daniels* als auch die Marke *Jobe's*.

Während all der Jahre hatte ich immer wieder das Gefühl, dass in jedem verkauften *Root Feeder* ein Teil von mir steckt. Und gewiss lenkt ein Teil meines im *Root Feeder* verkörperten Erbes jeden Schritt, den ich unternehme.

Wie schon angedeutet, besitzt irgendetwas an diesem Gerät die Fähigkeit, bei Menschen die besten Seiten zum Vorschein zu bringen. Meines Erachtens hatten sich die charakteristischen Merkmale meines Vaters, nämlich Hingabe und Selbstlosigkeit, mit denen der Natur verbunden. Die Wurzeln, verknüpft mit dem symbolischen Akt, die Natur zu hegen oder zu lernen, wie man sich gegenseitig hegt, verweisen auf die ursprüngliche Eigenschaft der Natur, das Lebendige zu hegen. Diese Entsprechung wird von all denjenigen empfunden, die das Gerät einsetzen.

Sicherlich assoziiere ich mit dem Würzelbewässerer ein ebenso hohes Maß an Symbolik wie ein Sohn mit seinem Vater. Mit der Zeit entwickelte ich das brennende Verlangen, diese tiefsten Wurzeln zu erforschen und bis zu ihrem Ursprung zurückzuverfolgen. Im Grunde jedoch wohnt es jedem von uns inne. Meistens ist ein gewisser seelischer Schmerz vonnöten, um diese Art von Verlangen zu wecken. Indem ich lernte, jene scheinbar starre Schranke unserer körperlichen Realität zu überwinden und in ein geistiges Universum vorzudringen, wo nur wenige Männer und Frauen je gewesen waren, entdeckte ich die eigentümlich magische Dimension der spirituellen Gartenarbeit.

Wer den *Root Feeder* in diesem quasi religiösen Sinn benutzt, erlangt durch ihn eine Hellsicht, die Erleichterung bewirkt, Verwirrung auflöst und dazu beiträgt, die inneren Wurzeln wieder miteinander zu verbinden. Diese reichen noch weiter zurück als der verzweigteste Familienstammbaum.

Schließlich sollte mir bewusst werden, dass meine erlittenen Verluste in Bezug auf greifbare Dinge oder Menschen eigentlich symbolischer Natur waren und auf das viel tiefere Verlangen deuteten, mich mit meinen geistigen Wurzeln wieder zu verbinden. In dieser Hinsicht war all der Schmerz ein heimlicher Segen, weil gerade er mich in jenen Zustand führte.

Wenn wir nur wüssten und fühlten, dass wir der leisen inneren Stimme vertrauen können, die uns dazu auffordert, die Verbindung zu unseren geistigen Wurzeln wiederherzustellen. Führen Sie also weiterhin dem Boden Nahrung und Wasser zu, dann wird der äußere Baum wachsen und gedeihen – und mit ihm schließlich auch der innere!

2

## *Das Wesen der Gartenarbeit verstehen*

Die Liebe zum Garten ist eine sehr besondere Form der Liebe. Sie gestattet uns den direktesten Kontakt zur Natur und zu den Personen, die sie mit Hingabe hegen und pflegen. Es ist eine kathartische Liebe, weil sie die Seele reinigt. Da Pflanzen im Gegensatz zu Menschen keinen egoistischen Drang haben, ist die Beziehung zu ihnen ebenso einfach wie himmlisch. In dem Maße, wie wir die Nährstoffe im Boden ergänzen oder die Mikroorganismen aktivieren, um die Erde aufzulockern, oder die Pflanze vor äußeren Gefahren – etwa Trockenheit, Insekten, Ungeziefer – schützen, verbinden wir uns allmählich mit dem Geist in der Natur.

Er war es, der uns ursprünglich den Wunsch eingab, das ganze Spektrum menschlicher Freuden zu empfinden und auszukosten.

Zugleich barg er einen geheimen Zweck, der allerdings von unseren egoistischen Bedürfnissen oft verdeckt wird, nämlich die eigene »Programmierung« zu überwinden. Die Hege und Pflege der vegetativen Elemente der Natur bringt uns dazu, jenem inneren Ruf zu folgen.

So, wie sich nach einem Schauer infolge der Brechung der Sonnenstrahlen an den Tropfen ein Regenbogen zeigt, entsteht dann ein Regenbogen in unserer Seele. Er ist die Widerspiegelung der in uns verborgenen göttlichen Absicht, die sich an der göttlichen Absicht der Natur im Garten bricht. In dem Maße, wie die beiden Absichten einander entsprechen, fühlen wir den geistigen Regenbogen der Natur in unserem Herzen. Dieser beschert uns nicht nur Freude, sondern auch Inspiration und Motivation – sowie die göttliche Weisheit, noch höhere Ziele zu erreichen.

Der fürsorgliche Umgang mit der Natur führt uns durch die gesamte Farbpalette des Regenbogens. Auf jeder dieser Stufen wird unsere Absicht zunehmend gereinigt. Es ist kein Zufall, dass man die Farbe Rot mit der Liebe assoziiert: Bei Rosenblättern sind Weiß und Rot am meisten begehrt. Weiß steht für die Quelle der göttlichen Eingebung, unser Wollen zu läutern, Rot für die Ekstase in der Natur, die wir zu fühlen beginnen, sobald wir unsere Neigung zur Selbstsucht einmal mehr überwunden haben. Am Ende ergibt sich daraus eine Art geistiges Prisma oder ein Regenbogen in der Seele, die mit der Seele der Natur harmoniert.

Aufgrund meiner Nachforschungen und meiner tiefsten Empfindungen, denen ich hier gerne Ausdruck verleihen möchte, sind das die geistigen Voraussetzungen für eine globale Öko-Ethik. Indem wir uns zurückbesinnen auf die Quelle, wird uns die Weisheit zuteil, die Forderungen des Planeten zu erfüllen, der nachdrücklich eine ökologische Wende verlangt, und dabei auch unseren geistigseelischen Haushalt wieder ins Gleichgewicht zu bringen.

Es ist relativ einfach, mit den in der Natur verborgenen himmlischen Absichten übereinzustimmen, wenn man in einer Kultur wie der deutschen aufwuchs, deren Werte auf einem seit Langem bestehenden geistigen Erbe beruhen, demzufolge die Eigenschaften und Vorteile der Natur im Allgemeinen und des Gartens im Besonderen anerkannt werden. Ganz anders verhält es sich jedoch, wenn man in eine – wörtlich oder metaphorisch verstandene – Wüste hineingeboren wurde. Vor diesem Hintergrund befragte ich Spezialisten, die ich im Sinne eines geistig verstandenen Gartenbaus als »erleuchtet« bezeichnen würde. Im Geistigen bestehen keine geopolitischen Grenzen, sondern lediglich Grade der Reinigung vom Egoismus im Angesicht der Natur, die uns umgibt.

Das heißt, es gibt Individuen, die in einem Paradies leben und dennoch ein Herz aus Stein haben, wohingegen andere, in ein äußerst feindliches Klima geboren, danach streben, das geistige Gartenparadies zu erreichen, ohne dass sie hierfür besondere Mühe aufwenden müssten.

Wer sich eine Vorstellung vom Garten der Zukunft machen möchte, sollte die Gartenkultur in Deutschland betrachten. Was diesbezüglich in den Vereinigten Staaten heute Aufsehen erregt und morgen zum Allgemeingut wird, stammt zu einem nicht geringen Teil aus der »klassischen« deutschen Tradition, die sich um den Garten rankt. Tief verwoben in das gesellschaftliche Gefüge, enthält sie zahlreiche Hinweise, wie man einen sorgsamen und harmonischen

Umgang mit der Natur pflegt, aber auch darauf, was passiert, wenn diese Verbindung gestört oder unterbrochen wird. In Deutschland entwickelte man die Idee des Kindergartens, die dann in der ganzen Welt Verbreitung fand. Nicht von ungefähr ist dort das Fach »Gartenpflege« des öfteren Teil des Lehrplans: An Grundschulen und Gymnasien werden Gärten angelegt, in denen man das Werk der Natur beobachtet und erforscht. Außerdem sind die deutschen Gärten und Parks nach wie vor lebendige kulturelle Zentren.

Zugleich sehen gewisse Vorschriften zum Lärmschutz vor, dass der Rasen nur zu bestimmten Tageszeiten gemäht werden darf.

Aufgrund des weit zurückreichenden Erbes kommunaler Grünanlagen haben selbst Stadtbewohner die Möglichkeit, mit den Händen in der Erde zu graben. Die Bürger verfügen über das nötige Wissen, weder die Fische in den Teichen noch die Bienen in der Luft zu schädigen.

Mit anderen Worten: In Deutschland sind Gartenbau und Gartenpflege von der Wiege bis zum Grab voll und ganz in das tägliche Leben integriert. Es gibt sogar eine spezielle Erde für Blumen, die die Gräber schmücken.

Das nach ökologischen Gesichtspunkten erbaute deutsche Haus bietet den perfekten Rahmen für den künftigen himmlischen Garten. Jede Form von Ethik beruht auf einem tiefen Wurzelgeflecht, das nur darauf wartet, beleuchtet, entwirrt und mit dem Ursprung wieder verbunden zu werden; die Wurzeln, die der Ethik der Gartenpflege zugrundeliegen, sind die tiefsten überhaupt.

Die Ziele der grünen Umweltbewegung in Deutschland kommen jener himmlischen Absicht, die geistig ausgerichtete Gärtner auf der ganzen Welt zu verwirklichen suchen, wahrscheinlich am nächsten. Eine derartige Öko-Ethik in autoritärer Weise von oben zu verfügen, ist eine Sache; sie zu fühlen und von innen her wachsen zu lassen, eine völlig andere.

## 3

## *Die geistigen und religiösen Wurzeln der Gartenkultur*

Wenn man jemanden fragte, was er unter einem Garten versteht, bekäme man vielleicht folgende Antwort zu hören: Der heutige Garten ist eine Parzelle Land, in der mit mehr oder weniger Sorgfalt Gemüse, Früchte und dekorative Pflanzen kultiviert werden. Er grenzt an das Haus oder befindet sich weiter entfernt davon in einer Gartenkolonie.

Diese nüchterne Definition würde darauf verweisen, wie wir heute den Garten sehen. Viele betrachten ihn gefühlsmäßig als einen Ort der Erholung, wo man beruflichen Stress abbaut, manche benutzen ihn als zweites Wohnzimmer unter freiem Himmel. Leider ist heute die Gartenarbeit für die meisten von uns nur noch eine Freizeitaktivität unter zahlreichen anderen.

Vor diesem Hintergrund lohnt es sich, die Wurzeln der Gartenkultur einmal weiter zurückzuverfolgen, denn in früheren Epochen diente der Garten in erster Linie dazu, die Versorgung mit Nahrungsmitteln zu sichern; außerdem bot er aufgrund der angepflanzten Kräuter auch die Möglichkeit, Arzneien herzustellen.

Wenden wir den Blick zunächst ins Mittelalter. Zu Beginn des 9. Jahrhunderts erließ Karl der Große die Landgüterverordnung *Capitulare de villis*, in der er unter anderem den Anbau von verschiedenen Nutzpflanzen, Heilkräutern und Obstbäumen auf allen kaiserlichen Gütern verfügte. Diese kluge Maßnahme, die Nahrungsengpässen vorbeugen sollte, übte einen beträchtlichen Einfluss auf die gärtnerischen Aktivitäten im gesamten Reich aus. Dabei konnte Karl auch auf Gemüse- und Obstsamen zurückgreifen, die er von dem abbassidischen Kalifen Harun ar-Raschid erhalten hatte.

War es eine rein persönliche Leidenschaft für die Gartenarbeit, die ihn dazu veranlasste? Gewiss nicht. Zu jenen Zeiten waren Kaiser vor allem reisende Feldherren, die keine ständigen Residenzen hatten, sondern ihren Hof von einem Territorium ins nächste verlegten. An jedem dieser Orte lieferte der Garten die Grundnahrungsmittel für den Herrscher und seine Entourage. Das war umso notwendiger in Anbetracht der Tatsache, dass damals fast ständig Kriege geführt wurden, begleitet von mehr oder weniger schlimmen Hungersnöten.

Die systematischen Darstellungen zum Gartenbau reichen bis in die Antike zurück. Im 1. Jahrhundert n. Chr. verfasste der griechische Arzt Pedanius Dioscurides eine Arzneimittellehre (lat. *De materia medica*), darin er Heilpflanzen – ihre Herkunft, ihre medizinischen Eigenschaften, ihre Zubereitungen und Anwendungen – detailliert beschrieb. Das Werk hatte Vorbildcharakter für die späteren sogenannten »Kräuterbücher« und beanspruchte – aufgrund seiner zahlreichen Übersetzungen – autoritative Geltung bis in die frühe Neuzeit.

Nicht minder einflussreich waren die 12 Bücher unter dem Titel *De re rustica*, in denen der lateinische Schriftsteller und Gutsbesitzer Lucius Iunius Moderatus Columella etwa zur gleichen Zeit, unter Kaiser Claudius, die Themen Landwirtschaft, Gartenbau und Baumzucht behandelte. Aus solchen Quellen schöpften dann die mittelalterlichen Mönche und Nonnen, wenn sie in ihren Klöstern Nutzgärten mit Gemüse und Früchten kultivierten, zugleich aber auch Heilkräuter züchteten und damit einen äußerst wichtigen Beitrag zur Pflanzen- und Heilmittelkunde leisteten. Man denke hierbei nur an die einschlägigen Abhandlungen der Benediktinerin Hildegard von Bingen.

Jenseits des Abendlandes führen die Wurzeln der Gartenkultur und der Gartenkunst zurück zu den hoch entwickelten Kulturen in Ägypten und Mesopotamien, China und Indien. So wissen wir heute zum Beispiel, dass die ägyptischen Pyramiden, die nun in kahler Wüste stehen, einst von prächtigen Gartenanlagen umgeben waren. Die babylonischen und assyrischen Könige wiederum rühmten sich üppiger Gärten, wie einige Keilschrifttafeln belegen, und die Hängenden Gärten von Babylon galten als eines der sieben Weltwunder.

Im Unterschied zu den Gärten im alten Ägypten und im Vorderen Orient kreiste der chinesische (und der japanische) Garten weniger um die Pflanze an sich. Er wurde vielmehr als Abbild des Universums aufgefasst und bestand im Wesentlichen aus künstlich angelegten Seen und Hügeln, zwischen denen Vegetation und Steine eine zentrale Rolle spielten. Die Harmonie der sieben Elemente Erde, Himmel, Wasser, Steine, Gebäude, Wege und Vegetation war aufs Engste verknüpft mit der inneren Harmonie des Menschen, der sich als achtes Element der Vollkommenheit in den gesetzmäßigen Kreislauf einzureihen vermochte.

Dieser Feng-Shui-Lehre entsprachen in Indien die »Vastu-Prinzipien«. Demzufolge spiegelte die indische Architektur – gerade auch jene des Gartens – die direkte Beziehung zwischen Geist und Kosmos wider. Das heißt, der Mensch konnte im Garten den Einklang mit den natürlichen Elementen und den Energien des Raumes finden, letztlich also Seelenfrieden und Inspiration.

Wenn wir uns all diese reichhaltigen Traditionen vor Augen führen, gelangen wir zwangsläufig zu der Überzeugung, dass in genau den Regionen, wo die Weltreligionen ihren Ursprung haben, insbesondere die idyllische Schönheit des Gartens zu einem höchst bedeutsamen Symbol wurde, das in den jeweiligen Glaubensvorstellungen eine starke Resonanz hervorrief.

So heißt es in der biblischen Genesis:

*Und Gott der Herr nahm den Menschen und setzte ihn in den Garten Eden, dass er ihn bebaute und bewahrte. Und Gott der HERR gebot dem Menschen und sprach: Du darfst essen von allen Bäumen im Garten, aber von dem Baum der Erkenntnis des Guten und Bösen sollst du nicht essen.* (1. Mose 2, 15-17)

Der Garten Eden bezeichnete den schönsten und heiligsten Ort, der dem Christen nach seinem Tod versprochen wurde.

Und in ähnlicher Weise charakterisiert der Islam das himmlische Paradies:

*… sodann wurde Mohammed, der Bote Gottes, vom Erzengel Ga-*
*briel zu dem Berg geführt, auf welchem Abraham einstmals seinen*
*Sohn opfern wollte; und auf diesem Berg lehnte er eine Leiter an, die*
*durch die sieben Himmel bis zu Gott reichte. Und Mohammed, Friede*
*sei mit Ihm, stieg durch die sieben Himmel hinauf zu Gottes Thron*
*und sah auf dem Weg, wie der Engel Malik das Tor zur Hölle öffnete,*
*wo die Verdammten, ihre Lippen gespalten wie die eines Kamels, in*
*ewiger Todesqual glühende Kohlen essen mussten, die selbst dann*
*noch aufflammten, als sie hinten wieder herauskamen … Doch als er*
*in den Himmel aufstieg, schaute Gottes Bote in das Paradies blühen-*
*der Gärten, durch die frisches Wasser floss …*[4]

Auch im Koran, der seine biblischen Quellen nicht verleugnen
kann, ist also der paradiesische Garten das vorherrschende und er-
sehnte Ziel der Gläubigen.

Die genannten Beispiele zeigen, dass der geistige Mensch, ungeachtet seiner Religion oder Weltanschauung, im Garten einen tieferen
Sinn entdecken kann – und dass die dort ausgeführten Tätigkeiten

mehr sind als eine bloße Freizeitbeschäftigung oder eine Möglichkeit, die Speisekarte zu vervollständigen.

Der Garten offenbart in jeder Pflanze, jedem Insekt die Wunder der Erde, ob in ihrer betörenden Schönheit oder einfach in ihrer natürlichen Farbenpracht. Im Gang der Jahreszeiten erkennen wir den gewaltigen Wechsel zwischen Schlaf und Erwachen, den stürmischen Drang zu grünen, zu wachsen und zu gedeihen. Wir sehen blühende Blumen als die Erfüllung jedes optischen Genusses.

Einige Monate danach spüren wir, wie die Stunden kühler werden im Herbst, der seine rötlich braunen Farben leuchten lässt, um in einem letzten Rausch zu vergehen. Im Winter schließlich denken wir, die Natur sei in tiefen Schlaf gesunken, aber auch dann gibt es kleine Wunder zu bestaunen, wenn etwa der Nebel bizarre Muster auf die Pflanzen zeichnet und alles mit einem morbiden Charme umgibt.

Und siehe da: Zum gegebenen Zeitpunkt beginnt, mit magischer Kraft und ungeachtet der Kriege, der Wirtschaftskrisen oder anderer, vom Menschen verursachter Hysterien der ewige Kreislauf der Jahreszeiten von Neuem.

Wir können diese Fülle des Lebens im Garten erfahren, sie sehen, riechen, schmecken und spüren, um dadurch eine umfassendere Harmonie wahrzunehmen, ein tieferes Glück zu empfinden, die über Stressmanagement oder gesellschaftliche Anerkennung weit hinausgehen.

Dazu muss man in sich gehen, ja sein Inneres durchqueren mit dem Ziel, die Erfüllung im Garten zu finden. Er ist hierfür ein ideales Instrument, das, wenn es richtig gespielt wird, der Seele gestattet, aus den Baumwipfeln zu singen.

# 4

## *Das gärtnerische Wunder nach dem Zweiten Weltkrieg*

Wenn wir die zunehmende Bedeutung der Gartenarbeit für den Durchschnittsbürger ins Auge fassen, müssen wir folgende Tatsachen im Hinterkopf behalten.

Unmittelbar nach Ende des Zweiten Weltkrieges, der verheerende Schäden und ungeheures Leid verursacht hatte, kam es in erster Linie darauf an, die Familien zu ernähren. Jede einzelne Parzelle, die zur Verfügung stand, bedurfte mühevoller Arbeit, damit man säen und ernten konnte. Kartoffeln, Tomaten, jede Art von Kräutern, Früchte, Gemüse und alle erdenklichen Kohlsorten wurden mit großer Sorgfalt angebaut. In vielen kleinen, reizvollen Plantagen, wo ein seltsamer Erfindergeist herrschte, pflanzte man sogar

59

Tabak. Kurzum, die Vorstellungskraft der Menschen kannte keine Grenzen. Das Wunderbare war, dass dies nahezu reibungslos vonstatten ging. Das Leben erwachte von Neuem; die Leute wurden gut ernährt und fuhren fort, ihre Gärten zu pflegen.

Dann änderte sich allmählich die Einstellung zur Gartenarbeit. Die Menschen gaben sich nicht mehr damit zufrieden, den Boden mühsam mit altmodischen Eggen umzugraben, zu säen, zu wässern und schließlich zu ernten. Sie wollten einen grünen Rasen ohne Unkraut und Moos und wenn möglich auch Bäume, die den Gewächsen Schatten spendeten. Das heißt, der Garten wandelte sich von einer Art Speisekammer im Freien zu einem Ort, der Gemüseanbau mit Rasenpflege verband. Der Rasen wurde gleichsam zur Werbung für das Haus. Der Wunsch nach gesellschaftlicher Anerkennung hatte einen enormen Einfluss auf die Gartenprodukte. Während in der Vergangenheit einfache Rechen, Hacken und Spaten gefragt waren, interessierten sich die Leute jetzt für Geräte zum Rasenauflockern, Spritzgeräte und Rasenmäher. Die Industrie für Gartenprodukte verzeichnete immer höhere Wachstumsraten und brachte in rascher Folge zahlreiche Neuheiten wie aufladbare Rasenmäher, batteriebetriebene Rasentrimmer und Rasenmähertraktoren auf den Markt – sowie neue Grassorten und Langzeitdünger, die zugleich das Wachstum von Unkraut und Moos hemmten. Dadurch wurde der Rasen zu einem dekorativen Teppich im Garten.

Bald darauf eröffneten sich wieder andere Perspektiven. Da man sich nicht länger mit dem Rasen und einigen wenigen Gemüsearten begnügte, ließ man diese fast ganz weg und legte einen mit vielerlei Pflanzen und Blumen geschmückten Gartenteich an. Ringsum installierte man romantische Lampen, hier und da eine schöne Statue. Das Ambiente wurde zu einem wichtigen Teil der Szenerie. Mit zunehmendem Wohlstand kauften die Leute in Lebensmittelgeschäften und Supermärkten ein und vergaßen allmählich, wie man sein eigenes Gemüse anbaut. Sie rösteten ihre Speisen auf dem modernsten Gartengrill und tranken dabei Bier aus Fässern. Kurzum, der Garten entpuppte sich als völlig neuer Wohnraum im Haushalt, wo man sich äußerst wohlfühlte.

Schließlich kam die nächste, nicht ganz unerwartete Veränderung, die sich auf eine Anzahl von Gartenbesitzern auszuwirken begann. Sie entdeckten den Umweltschutz und gelangten zu der Auffassung, dass Rasendünger und Pestizide gefährliche Substanzen sind, welche die Umwelt auf lange Sicht schädigen. Man missbilligte die Gartenpflege insgesamt und ließ – ganz nach dem Vorbild von Mutter Natur – die Pflanzen im Garten wuchern, fest davon überzeugt, dass dadurch der Umwelt tatsächlich geholfen würde.

Glücklicherweise schlossen sich nicht alle Gärtner dieser Richtung an. Immerhin ermöglicht ein ordentlich bestellter Garten den Menschen, ihre Lebensweise so auszurichten, dass sie dort umherwandern, sich entspannen und ihr Seelenheil finden können. Es versteht sich von selbst, dass ein gepflegter Rasen die Umwelt günstig beeinflusst. Die Sauerstoffmenge, die er täglich erzeugt, reicht aus, um einen Menschen 24 Stunden lang damit zu versorgen! Und die Bodentemperatur liegt im Sommer um mindestens 1 bis 2 Grad niedriger als bei einem Boden ohne Gras.

Darüber hinaus vermittelt ein sorgsam behandelter Rasen auf der rein subjektiven Ebene ein weitaus stärkeres Gefühl von Frische und Wohlgefallen. Auch von daher wäre es wunderbar, wenn wir heute vor einer neuen Revolution in der Gartenpflege stünden, vor einer Neugeburt der schönen Gärten mit großen Rasenflächen, zahlreichen Blumen und zugleich einem hohen Maß an inspirierender Atmosphäre. Denn die Menschen sind wirklich auf der Suche nach Erholung, innerer Entwicklung und Harmonie – zumal in einer oft so kalten und gefährlich politisierten Welt.

Wenn die Länder des Nahen Ostens mit ihren eigenen Traditionen der Gartenkultur, die sich anders entwickelten als jene in unseren Breiten, dem saftigen Grün der Gärten und den öffentlichen Grünanlagen seit jeher besondere Beachtung schenken, ohne eine übermäßige Zahl von Golfplätzen zu gestatten, dann zeigt dies, dass Rasenflächen durch alle Zeiten hindurch einen wohltuenden Einfluss auf Menschen ausgeübt haben. Die kontrollierte Verwendung von modernen Düngemitteln und Nährstoffen hilft dem Gras und den anderen Pflanzen – und bringt denjenigen Vorteile, die sie pflegen. Es ist demnach unsere Aufgabe, die Natur zu schützen, ihr Beistand zu leisten, damit sie uns weiterhin ernähren und bereichern kann.

# 5

## *Die Entwicklung der Gartenkulturen in West- und Ostdeutschland bis zur Biowelle und darüber hinaus*

### *1. Die Gartenkolonie*

*I*n Deutschland wurden Gärten und Gartenkolonien geschaffen, um den Stadtbewohnern einen Rückzugsort zu bieten, an dem sie – nach dem Vorbild alter Bauerngärten – zugleich die für den Eigenbedarf notwendigen Nahrungsmittel erzeugen konnten. Heute sind diese Gärten in der Regel auch mit Rasenflächen und Zierpflanzen sowie einer Laube ausgestattet. Die sogenannten Schrebergärten, von einem lokalen Verein verpachtet und verwaltet, haben eine

lange Tradition, die fast 150 Jahre zurückreicht. Der erste Schreber-
platz wurde 1865 in Leipzig angelegt und war zunächst nur eine
Wiese, auf der Kinder von Fabrikarbeitern unter Anleitung eines
Pädagogen spielen und turnen konnten.

Tatsächlich entwickelten sich die Schrebergärten aus Spielplätzen
einerseits und öffentlichen Grünanlagen andererseits: ein Garten
für die ganze Familie, der parzelliert und eingezäunt wurde.

Während der ersten fünf Jahre nach dem Zweiten Weltkrieg spielten die Schrebergärten in Westdeutschland eine sehr wichtige Rolle
im Hinblick auf die Ernährung der Bevölkerung. Dann, mit Beginn
der 1950er-Jahre und dem deutschen Wirtschaftswunder, konnten
immer mehr Familien ein Grundstück mit Haus und Garten erwerben. Infolgedessen verloren die Schrebergärten an Bedeutung. In
den 1970er-Jahren assoziierte man sie eher mit Vereinsregeln als
mit unbeschwerter Entspannung im Grünen.

In Ostdeutschland hingegen blieben die Schrebergärten wegen
der Mangelwirtschaft des kommunistischen Systems weiterhin ein
zentraler Bestandteil der Gesellschaft. Die in der »Datscha« ausge-
übten Freizeitaktivitäten trugen ebenso entscheidend zum Lebens-

gefühl der DDR-Bürger bei wie ein Ferienaufenthalt an der Ostsee oder ein Campingurlaub. Jedenfalls war der Schrebergarten ihr Ein und Alles; ebendeshalb gab es so viele davon. Dort spielten die Kinder zusammen, und die Nachbarn standen sich bei der Gartenarbeit mit Rat und Tat zur Seite. Diese kleinen Parzellen waren jedoch nicht nur Erholungsorte, sondern, wie schon angedeutet, auch Produktionszentren für Früchte und Gemüse, mit denen man sich selbst versorgte. Außerdem sicherten sie der Familie oft ein bescheidenes zusätzliches Einkommen.

Heute sind Schrebergärten sowohl im Westen wie im Osten Deutschlands wieder gefragt. Ihre Gesamtzahl wird auf über eine Million geschätzt. Gerade junge Familien, die sich in städtischen Gebieten keinen Wohnraum mit Garten leisten können, betrachten die Gartenkolonie als eine gute Alternative.

## 2. Biowelle und Nachhaltigkeit

In den 1980er-Jahren begann die Biowelle in Deutschland, die dann in den 1990er-Jahren einige Einbrüche erlebte. Mittlerweile ist sie wieder zurückgekehrt, was man daran erkennt, dass sich der Anteil der Käufer von Bioprodukten in den letzten zwanzig Jahren verdoppelt hat. Damit beträgt er etwa 20 Prozent der Konsumenten im wiedervereinten Deutschland.

Doch das ist – gemessen an der persönlichen Beziehung zum Garten, an der Nachhaltigkeit und inspirierenden Kraft der Natur – nur ein sekundäres Phänomen. Im Grunde geht es um die Frage, ob wir trotz unserer inzwischen hochtechnisierten Umwelt immer noch fähig sind, die Vorteile der Gartenkultur zu erkennen. Könnten wir nur dann zur Natur zurückkehren, wenn uns die moderne Freizeitindustrie weniger Ablenkung bieten würde?

Was von Weitem wie eine Hinwendung zur Idylle erscheinen mag, ist in Wirklichkeit der verzweifelte Versuch, an einer kleinen Parzelle Land festzuhalten und dadurch zumindest eine minimale Verbindung zur Natur aufrechtzuerhalten, ungeachtet der Kämpfe, die ringsum gegen sie ausgefochten werden. Für viele Menschen ist der Garten nicht mehr nur eine Zuflucht, wo man ein klein wenig Glück findet, sondern ein Ort des Widerstands und des leidenschaftlichen Engagements für die Natur.

Mit all seinen Düften, Farben und Formen erinnert uns der Garten daran, dass Mutter Erde mit zunehmender Geschwindigkeit der Habgier, dem Machtstreben und der Dummheit zum Opfer fällt. Er ruft uns ins Gedächtnis zurück, wie kostspielig Pestizide, Autos und Raketen für das Gemeinwohl sind – und dass demgegenüber die im Garten gedeihenden Schöpfungen der Natur ein umso größeres Geschenk darstellen.

Leider wurde auf der UN-Naturschutzkonferenz im Mai 2008 beschlossen, die Artenvielfalt dieser Erde einzig und allein aufgrund ihres wirtschaftlichen Nutzens zu erhalten. Andere Maßstäbe und Motive wie Eigenwert und Schönheit der Natur, Mitgefühl und Erkenntnisfreude des Menschen spielen offenbar keine Rolle mehr. Die Natur ist – ob in Deutschland oder anderswo – fast gänzlich in die Hände von rücksichtslosen Ökonomen und Machern geraten. Angesichts dieser Entwicklung markiert die Pflege des Gartens oder des Schrebergartens eine Gegenbewegung, die in ihrer Bedeutung gar nicht überschätzt werden kann.

# 6

## *Eine ökologische Ethik der Gartenpflege für Kinder, Familie und Gesellschaft*

*D*ie Gartenkultur ist eine Universalkultur. Von Land zu Land weist sie viel mehr Gemeinsamkeiten als Unterschiede auf. Um dies zu veranschaulichen, habe ich einige spezifische Fragen an Hans-Martin Lohmann, Geschäftsführer der Firma Neudorff, und Jim Hagedorn, Geschäftsführer von Scotts-Miracle Gro®, gestellt.

## 1. Welche Rolle spielen Garten und Gartenarbeit im Alltag?

HANS-MARTIN LOHMANN:

*Der Garten verändert das Leben eines Menschen. Zumal für Familien ist er sehr wichtig. Kinder brauchen diesen schützenden natürlichen Raum als Spielplatz und als Ort für Entdeckungen. Er bietet Müttern und Vätern die beste Gelegenheit, ihrem Nachwuchs den Kreislauf der Natur zu erklären. Bei Teenagern dagegen spielt der Garten eine weitaus geringere Rolle. Während dieser Lebensphase suchen sie eher den Kontakt mit Gleichaltrigen, wollen andere Städte kennenlernen und dergleichen mehr. Erwachsenen wiederum dient der Garten als Ort der Entspannung, an dem sie nach der Arbeit Stress abbauen können, oder sogar als Hobby. Viele nutzen ihren Garten gerade in den Ferien als eine Art »Naherholungsgebiet«; andere pflanzen darin Früchte und Gemüse an.*

*Insbesondere die Besitzer von Haustieren wissen den Garten hoch zu schätzen, weil sie dort ihre Hunde, Hasen oder Meerschweinchen frei herumlaufen lassen können. Mit zunehmendem Alter wird dann die Gartenarbeit zu einer wesentlichen Freizeitbeschäftigung. Jedes Jahr erlebt der Gärtner aus nächster Nähe den Wechsel der Jahreszeiten. Ungeachtet seines Alters hat er dadurch auch die Möglichkeit, sich selbst neu zu entdecken.*

## JIM HAGEDORN:

*Die Gartenarbeit nimmt im Familienleben der Amerikaner einen zentralen Platz ein. Sie bietet ihnen die Gelegenheit, Aktivitäten im Freien auszuüben und zu genießen und mit der Natur in Berührung zu kommen. Ob Gemüseanbau oder Blumenzucht – die Gartenarbeit stellt eine wichtige Beziehung zur natürlichen Umwelt her.*

*Historisch betrachtet, waren für uns Gemüse und Früchte immer die primäre Nahrungsquelle. Infolge der Notwendigkeit, den täglichen Bedarf an Lebensmitteln zu decken, aber auch durch die verschiedenen kulturellen Interessen, die die hier ansässigen Volksgruppen mit der Gartenarbeit verbinden, wurde diese zu einem integralen Bestandteil vieler amerikanischer Haushalte.*

## 2. Hat die Gartenarbeit in den letzten Jahren an Bedeutung gewonnen?

HANS-MARTIN LOHMANN:

*Aufgrund des Klimawandels sind Erhaltung und Schutz der gesamten Natur weltweit immer wichtiger geworden. Für den Hobbygärtner jedoch hat der Garten oft einen höheren Stellenwert als etwa das Engagement für die globale Umweltbewegung: Die Rückkehr zur Natur vollzieht er auf eigenem Terrain, das ihm besonders in Zeiten der Rezession noch reizvoller erscheint.*

*Für uns aber endet der Umweltschutz nicht vor der Haustür. Seit über zehn Jahren setzen wir uns zusammen mit Tropica Verde e. V. für die Erhaltung des tropischen Regenwaldes in Costa Rica ein. Bisher konnten wir insgesamt mehr als 30 Hektar davon schützen und fünf Projekte zur Aufforstung unterstützen. Solche koordinierten Maßnahmen sichern den Fortbestand des Regenwaldes auf lange Sicht. Auch sie begünstigen die Entwicklung von Konzepten, die eine dauerhafte und naturgemäße Nutzung der Ressourcen gestatten.*

JIM HAGEDORN:

*Die Gartenarbeit ist für Amerikaner nach wie vor eine der beliebtesten Freizeitbeschäftigungen. Der National Gardening Association zufolge widmet sich ihr fast die Hälfte der Gesamtbevölkerung. Insbesondere der Anbau von Gemüse und Obst im eigenen Garten hat definitiv an Bedeutung gewonnen. Eine kürzlich von der Garden Writers Association durchgeführte Untersuchung ergab, dass heute etwa 40 Prozent aller amerikanischen Hausbesitzer das anpflanzen, was zum Verzehr bestimmt ist.*

*Ironischerweise markiert diese Entwicklung eine Rückkehr zur traditionellen Form des Gartenbaus in Amerika, die bis in die ersten Jahrzehnte des 20. Jahrhunderts überdauerte. Doch nach dem Zweiten Weltkrieg, als die Vorstädte sich immer weiter ausdehnten, begann der Boom der Supermarktketten, die nahezu ausschließlich die wachsende Bevölkerung mit Nahrungsmitteln versorgten. Und diese Abnahme des Gemüseanbaus ging einher mit einer Zunahme kleiner Blumengärten in den Vorstädten quer durch die Vereinigten Staaten.*

## 3. Wie bringt man Kindern die Ethik der Gartenkultur nahe?

HANS-MARTIN LOHMANN:

*In Deutschland werden die ethischen Leitsätze der Gartenkultur oder spezielle Themen dazu nicht überall von Grund auf gelehrt. Manchmal beruht das entsprechende Engagement auf persönlichen oder gemeinschaftlichen Initiativen. Einige Schulen bieten Kurse zur praktischen Gartenarbeit in eigens dafür gestalteten Gärten an. Das trifft besonders auf die anthroposophischen, an der Waldorfpädagogik orientierten Schulen und Kindergärten zu. Dort ist die Gartenkultur ein Pflichtfach für alle Schüler der 5. bis 10. Klasse. Der Lehrplan beinhaltet Gerätekunde, Boden- und Kompostbearbeitung sowie Gemüse- und Blumenanbau. Schüler der Oberstufe widmen sich insbesondere der Anlage und Pflege von Spezialbeeten und Biotopen. Darüber hinaus besuchen sie Bauernhöfe und helfen bei der Ernte mit.*

*Aber auch an staatlichen Kindergärten und Grundschulen spielt die Gartenkultur zum Teil eine große Rolle. An weiterführenden Schu-*

*len stehen dann häufig der Naturschutz und das Bewusstsein für den Klimawandel im Vordergrund.*

JIM HAGEDORN:

*Die Gartenarbeit ist für viele amerikanische Kinder die einzige Möglichkeit, eine persönliche und direkte Beziehung zur Natur aufzubauen. Ohne eine derart »hautnahe« Erfahrung und die daraus resultierende Wertschätzung der Natur ist es schwierig, in den Kindern ein tiefes Verantwortungsgefühl ihr gegenüber zu wecken. Gerade indem sie gärtnern, unternehmen sie die ersten Schritte in diese Richtung.*

*Für viele Kinder auf dem Land ist die Gartenarbeit schlicht eine Tätigkeit, die sie gemäß den familiären Gepflogenheiten ausführen. In Stadtgebieten hingegen bieten ihnen oft nur Schulen den einzigen Zugang zur Ethik der Gartenkultur. Durch die Urbanisierung wurden sie der Erfahrung des Gärtnerns entfremdet. Doch eine neue Generation öffentlicher Gärten in den Ballungszentren und ihrer Umgebung schärft wieder das Bewusstsein für die zahlreichen Facetten der Gartenarbeit und macht den heute heranwachsenden Kindern deutlich,*

*dass sie eine lebenslange Beschäftigung darstellt, die Menschen mitein-*
*ander verbindet und dazu ermuntert, dieses Erbe an künftige Genera-*
*tionen weiterzugeben.*

*Außerdem verfügt eine ganze Reihe von Bildungsanstalten über*
*kleine Parzellen, in denen Schüler die Gartenpflege erlernen und*
*durch unmittelbare Anschauung erfahren, wie jede Pflanze mit der*
*anderen in Wechselbeziehung steht und so zu einer harmonischen Um-*
*welt beiträgt. Diese Art von Unterricht bildet ein heilsames Gegenge-*
*wicht zu den übrigen, häufig abstrakten Teilen des Lehrplans.*

## 4. In welcher Weise profitieren die Kinder heute von der Ethik der Gartenkultur?

HANS-MARTIN LOHMANN:

*Da Kinder nun schon sehr früh mit virtuellen Welten auf dem Bild-*
*schirm in Kontakt kommen und den Garten oft nur aus Fernseh-*
*sendungen kennen, wird es immer wichtiger, dass sie ihn mit allen Sin-*

nen in der Wirklichkeit erfahren. Wenn wir über die Kindererziehung nachdenken, gelangen wir zwangsläufig zu dem Schluss, dass sie nur dann erfolgreich sein kann, wenn dabei alle Sinne stimuliert werden. Ein Blick in die Vergangenheit macht deutlich, dass wir in dieser Hinsicht schon einmal wesentlich weiter waren, als wir es heute sind.

Der deutsche Pädagoge Friedrich Wilhelm Fröbel (1782-1852) prägte die Bezeichnung »Kindergarten« nicht von ungefähr. Seinen Anschauungen nach war nämlich der Garten ein Mittel zum Zweck. Er wollte damit die Kinder motivieren, sowohl ihren Körper zu ertüchtigen als auch ihren Geist zu schulen. Gerade die sinnliche Wahrnehmung sollte eine Verbindung zwischen Mensch und Natur herstellen.

Bei der Erziehung geht es eben nicht nur darum, natürliche Phänomene durch Bilder, Beschreibungen, Computeranimationen oder Videoclips kennenzulernen. Der eigentliche pädagogische Nutzen des Gartens liegt vor allem darin, den Wechsel der Jahreszeiten direkt vor Ort mitzuerleben, Blumendüfte einzuatmen, Käfer und Würmer im Boden zu beobachten ... Außerdem ist der Muskelschmerz nicht zu unterschätzen, der sich einstellt, nachdem man zum Beispiel ein gro-

*ßes Beet umgegraben hat. Allein im Garten kann man sämtliche Sinne ausbilden und schärfen. Nichts ist befriedigender, als dort der Aussaat und dem Wachstum der Pflanzen beizuwohnen.*

*Im eigenen Garten lernen Kinder, verantwortungsbewusster mit Rohstoffen umzugehen, und erfahren dabei auch, wie Früchte und Gemüse schmecken sollten. Sie lernen hier, zwischen Schädlingen und Nützlingen zu unterscheiden, und entwickeln eine Sensibilität für die Qualität pflanzlicher Nahrung (Früchte und Gemüse aus biologisch-dynamischem Anbau). Sie lernen den behutsamen Umgang mit der Natur, indem sie sich aktiv an der Gartenarbeit beteiligen.*

*Infolgedessen gibt es heute im Alltag viele Dinge, die uns mittlerweile ganz selbstverständlich sind – etwa Mülltrennung und Recycling. Dank solcher Aktivitäten entdecken wir wieder die Zyklen der Natur. Rasenabfälle und Äste, die in die Tonne für Kompost wandern, kehren anschließend in den Garten zurück. Rohstoffe werden wieder in die Natur integriert.*

## 5. Inwieweit fördert die Ethik der Gartenkultur eine ökologisch geprägte Grundeinstellung?

JIM HAGEDORN:

*Eine ökologisch geprägte Grundeinstellung hat ihren Ursprung im Bewusstsein. Die Ethik der Gartenkultur führt dazu, dass man sich der Umwelt insgesamt immer mehr bewusst wird.*

*Ohne dieses Bewusstsein kann es keine Wertschätzung der Natur geben. Die unmittelbare Erfahrung im Garten schärft es – und gewährt darüber hinaus Einblick in die zahlreichen, von der Umwelt abhängigen Variablen, die zu einem maximalen Erfolg der Gartenpflege beitragen. Letztlich erfährt die Umwelt dort ihre größte Wertschätzung, wo das Individuum verantwortungsbewusst handelt, indem es sie schützt, pflegt und fördert.*

# 7

## *Ökologische Krise und Gartenpädagogik*

Die Bewältigung der ökologischen Krise bedarf weitaus größerer Anstrengungen, als Gesetze und Vorschriften zu erlassen, die ohnehin oft erst im Nachhinein wirksam werden.

Allein durch die verantwortungsbewusste Erziehung unserer Kinder können wir allmählich einen Rahmen für ihr ökologisches Denken schaffen, das dann in ihren ökologisch geprägten Absichten und Handlungen den natürlichen Ausdruck findet.

Dieser grundlegende Wandel erfordert nicht nur ein intaktes Wertesystem innerhalb der Familie, sondern ebenfalls eine Umorientierung auf der gesellschaftlichen Ebene. Hierbei sollte uns die Natur selbst als Vorbild und Muster dienen. Dies wäre der erste

Schritt in der nächsten Phase unserer kollektiven ökologischen Evolution. Anders ausgedrückt: Um die familiären Werte wiederherzustellen, die Krankheiten der Gesellschaft zu heilen und die globalen Umweltprobleme zu lösen, müssen wir uns und unsere Kinder erneut verbinden mit der Natur, die uns hervorgebracht hat.

Das heißt, wir müssen ein Verständnis und ein Gefühl dafür entwickeln, wie die Pflanzenwelt – die Grundlage allen tierischen und menschlichen Lebens – in jeglicher Weise gehegt, gepflegt und geschützt wird.

Wer solchen Einsichten und Empfindungen immer schon abgeneigt war, kann den fatalen Tendenzen, die sich allenthalben bemerkbar machen, auch nicht mehr entgegenwirken. Ebendeshalb ist es entscheidend, dass wir gemeinsam konkrete Maßnahmen ergreifen, um unsere Kinder gemäß den Gesetzen und Harmonien der Natur zu erziehen, wobei die Gartenpädagogik eine zentrale Stelle einnimmt.

Jener geistige Funke, der Pädagogen wie Friedrich Wilhelm Fröbel, den Gründer des ersten deutschen Kindergartens, inspirierte, könnte auch uns dazu bewegen, in den Kindern das nötige Umweltbewusstsein zu entwickeln, indem wir sie mit der Natur unmittelbar in Berührung bringen. Denn vor allem durch den sorgsamen Umgang mit der Natur lernen sie, ebenso sorgsam mit sich selbst und anderen umzugehen.

Sobald dieses Fundament einmal gelegt ist, können wir die noch größere Herausforderung angehen, die Schöpfungen der Natur auf ihre geistigen Wurzeln zurückzuführen. Genau dieses Ansinnen verbirgt sich hinter dem hier behandelten Projekt eines spirituell ausgerichteten Gartenbaus. Wir haben bereits mehr oder weniger vage Ahnungen davon, die wir nun näher beleuchten wollen.

# 8

## *Wie die Erfahrung im Garten auf die geistige Ebene führt*

*A*uf der Suche nach den fehlenden Bindegliedern in meinem Familienstammbaum, letztlich also nach meinen geistigen Wurzeln, verdanke ich dem 1946 in Weißrussland geborenen Biokybernetiker und Kabbalisten Michael Laitman tiefe Einsichten. Laitman wanderte 1974 nach Israel aus, um die Kabbala zu studieren, jene jüdische Geheimlehre, die seiner Ansicht nach dem Individuum insbesondere nahezubringen versucht, wie es seine geistigen Wurzeln zurückverfolgen und sich mit ihnen in Einklang bringen kann.

Es ist daher kein Zufall, dass er Zweig und Baumwurzeln zum Markenzeichen wählte, um seine Lesart der Kabbala von der anderer Forscher deutlich zu unterscheiden. Laitman war Schüler von

Baruch Ashlag, ausgewiesener Experte auf diesem Gebiet und Sohn von Yehuda Ashlag, dem wohl wichtigsten Kabbalisten des 20. Jahrhunderts.

Baruch Ashlag hatte einen Aufsatz geschrieben, in dem er darlegte, inwiefern die Arbeit eines Baumzüchters auf der inneren Ebene der Reinigung der Seele entspricht.

Wenn, so sagte ich mir nach der Lektüre, ein Kabbalist Begriffe aus dem Gartenbau verwenden konnte, um seinen Schülern uralte Weisheiten zu vermitteln, dann sollte auch ich imstande sein, mithilfe ähnlicher Begriffe jene bisher unausgesprochenen Empfindungen mitzuteilen, die sich in meinem sorgsamen Umgang mit der Natur deutlich bemerkbar machten.

In der geistigen Wirklichkeit gibt es energiegeladene Wellen, die wir mit unseren körperlichen Sinnen normalerweise nicht wahrnehmen können. Wer sie empfangen möchte, muss – gleich einem äußerst fein gestimmten Instrument – die Fähigkeit besitzen, mit diesen ausgesandten Schwingungen in Einklang zu kommen. Psychologen können deren Auswirkungen auf das Seelenleben analysieren, Philosophen Gedankengebäude darauf gründen.

Kabbalisten wiederum befassen sich mit den tiefsten Wurzeln des hebräischen Alphabets. Für sie ist ein Buchstabe mehr als nur ein Schriftzeichen, weil er die einzigartige Kraft der Natur verkörpert – und zugleich eine einzigartige Mischung aus himmlischer Weisheit und Gnade. Es gibt 22 Buchstaben oder Bausteine, die in der Tora verschlüsselt sind und himmlische Wegweiser darstellen. Sie begleiten uns auf dem Weg von unserem irdischen Dasein in die höhere Welt. Das heißt, Kabbalisten entschlüsseln die Buchstaben in ähnlicher Weise, wie Watson und Crick die Doppelspiralstruktur der DNS aufgedeckt haben. Zwischen unserem hiesigen Standort und unserer himmlischen Bestimmung liegen mehrere Stufen der Erleuchtung, die als *Sefirot* bezeichnet werden.

Ganz im Sinne der Kabbala stellt die Gartenarbeit eine Verbindung zu Natur und Universum her und ermöglicht uns, deren verborgenen Schwingungen aufzunehmen. Im Garten lernen wir, die tief im Innern wachgerufenen Empfindungen zu verstehen und zu schätzen, sie umso mehr auszukosten und unsere gesamte Erfahrungswelt damit zu bereichern. Unser Blick ruht auf der Erde, ihren Schöpfungen, aber die Natur selbst lenkt ihn immer wieder nach oben, zum Himmel, um uns gleichsam emporzuheben. Dies war der Ansatz, der mich zu Michael Laitman geführt hat.

Auf meine Bitte hin erklärte er, wie die körperliche Gartenarbeit mit ihren geistigen Wurzeln verbunden ist. Die folgenden Passagen stammen aus einem Gespräch, das ich mit ihm führte.

*Alles, was wir haben, kommt von oben. Wir bezeichnen jenen Bereich, der uns Informationen übermittelt und mit seinen Kräften auf unser irdisches Dasein einwirkt, als obere Welt. Dort liegen unsere geistigen Wurzeln. Ein jeder verkörpert deren Baum, deren Resultat. Alles in der Verbindung zwischen Mensch und Spiritualität wird zur Reproduktion oder Projektion zwischen Mensch und Welt, zum Ausdruck dafür, was man in dieser Welt entwickelt. Deshalb steht die Pflege des Vegetativen und der Vegetation der geistigen Arbeit am nächsten und ähnelt sehr jener oberen Kraft, die auf uns einwirkt. Man arbeitet ihr entsprechend, indem man die Vegetation im eigenen Leben pflegt.*

*Tatsächlich wächst alles aus der Erde. Dies verweist in erster Linie auf die Vegetation. Ohne sie gibt es kein Leben, auch keinen menschlichen Körper. Daher wendet sich derjenige, der Pflanzen kultiviert, seinen Wurzeln, seiner Lebensquelle zu. Je mehr er diese Wurzeln pflegt, desto tiefer verbindet er sich – selbst unbewusst – mit seinen geistigen Wurzeln. Folglich ist das die gesegnetste Arbeit, die man überhaupt verrichten kann. Es gibt kein besseres Engagement, als sein Leben zu bestellen, indem man das Land bestellt. Dadurch nähert sich die Natur des Menschen der alles umfassenden Natur. Er sollte die Vegetation als seine Umgebung oder sein Haus betrachten. Eigentlich ist sie es, die ihm das Leben schenkt.*

*Gemäß dieser Weisheit gibt es einen Grund, warum die Tora verkündet: »Denn der Baum des Feldes ist der Mensch.« Der Sündenfall bestand darin, dass wir uns der Vegetation gegenüber nicht richtig verhalten haben. Es steht geschrieben, dass wir zu früh von ihr aßen: Wir haben sie nicht wachsen lassen. Die Bestrafung des Menschen bezweckt auch eine veränderte Einstellung zum Wachstum im Innern und zum Wachstum in der Natur. Demnach unterscheidet sich der Mensch vom Wilden vor allem durch seine Arbeit auf dem Feld oder im Garten.*

*Auf diese Weise begann er, Pflanzen zu kultivieren. Je genauer wir verstehen, dass unser körperliches und geistiges Leben von unserer körperlichen und geistigen Vegetation abhängt, desto besser wird das Leben sein, das wir dann führen.*

Damit legte Michael Laitman das Fundament, auf dem ich mein Konzept entwickelte, jene Schranke zu überwinden, die die körperliche Welt von der geistigen trennt. Ein derartiges Unterfangen setzt jedoch voraus, dass wir unsere vielfältigen egoistischen Verhaltensmuster erkennen und lernen, sie gleichsam zu reinigen.

Jedes Mal, wenn uns das gelingt, erleben wir im Innern die Wirkung der Katharsis, die sich in einer Explosion von Farben ausdrückt. Sie sind weitaus komplexer und nuancierter als die der normalen optischen Wahrnehmung, und verbinden sich schließlich zu einer grünen Membran. Durch sie hindurch kommunizieren wir dann mit der Natur und der erweiterten geistigen Wirklichkeit, die ihre Schwingungen aussenden und ungeahnte Empfindungen wecken. Solche Schwingungen bestehen im Wesentlichen aus Quanten oder Partikeln. Jedes davon entspricht einer besonderen seelischen Empfindung, die nur darauf wartet, erfahren zu werden. Und jeder Aspekt des Egoismus, der in spirituelle Energie umgewandelt wird, löst eine neue Empfindung aus.

Unsere Herausforderung wie auch unser Ziel besteht also darin, uns dieser Empfindungen und all ihrer Abstufungen in höchstem Maße bewusst zu werden. Innere wie äußere Welt sind bereits tiefgründig und weitgespannt; wenn man die umfassende geistige Wirklichkeit mit einbezieht, dehnen sie sich ins Unendliche aus.

Die am Geistigen orientierte Gartenpflege trägt dazu bei, die schalen »Belohnungen« unserer profanen und materialistischen Welt zu entlarven und abzuweisen – zugunsten einer Erfüllung an der Wurzel, die aus dem achtsamen Umgang mit der Natur resultiert. Wer so verfährt, nimmt ihr gegenüber die Position des Hüters ein, der, immerzu im Prozess der Läuterung begriffen, sie dazu bringt, zu blühen, stärker zu duften, köstlicher zu schmecken und noch farbenprächtiger zu leuchten.

Vergessen wir nicht: In und jenseits der Natur ist eine Kraft am Werk, die alles Gute, alle Liebe der Welt hervorbringt, und sie wird

»geistiges Licht« genannt. Es gibt Tausende, wenn nicht Millionen Impulse, die sie in jedem Augenblick aussendet. Erst wenn wir, verblendet, uns dagegen sträuben, dass dieses Licht unsere Seele durchdringt, regen sich jene unheilvollen Absichten und Neigungen, die namenloses Leid über die Menschen bringen und der Umwelt großen Schaden zufügen.

Aber ungeachtet derartiger Zerstörungen steht eines fest: Am Ende wird die Natur siegen. Niemand kann wissen oder vorhersehen, was sie in ihrem Gesamtplan, der von Agonien wie von Ekstasen zeugt, für uns bestimmt hat.

# 9

*Wie man die
tiefsten Wurzeln
menschlicher
Sehnsucht
mit Leben
erfüllt*

Wenn man einen Baum untersucht, entdeckt man zwei Arten von Wurzeln: Die einen breiten sich an der Oberfläche aus, die anderen wachsen senkrecht nach unten. In Wüsten wurden Wurzeln gefunden, die über 70 Meter in die Tiefe reichen, weil sie weit unten eine Wasserquelle aufspüren müssen. Je tiefer die Wurzeln vorzudringen versuchen, desto größer ist natürlich der Widerstand des harten Lehms und des Grundgesteins. Man kann sich die Robustheit dieser Bäume vorstellen, wenn sie so tiefe Wurzeln ausbilden. Im Gegensatz dazu haben die meisten Pflanzen auf der Erde gar nicht die Kraft, ihre Wurzeln durch die festen Schichten des Untergrunds zu treiben.

Dem bereits genannten Kabbalisten Yehuda Ashlag zufolge können alle Aussagen der *Tora* in einer ungeheuren Metapher zusammengefasst werden: dem Gesetz von Wurzeln und Ästen. Es besagt, jede körperliche Manifestation verfügt über eine geistig-seelische Wurzel. Dazu einige Beispiele, die diesen Gedanken illustrieren.

Wasser ist selbstlose Gabe und wunderbare Gnade. Kahle Wüste oder Staub bedeutet Sehnsucht. Feuchte, fruchtbare Erde verweist auf das geistige Leben. Sprießende Blätter versinnbildlichen die gesunde und notwendige Entwicklung der eigenen Persönlichkeit. Unkraut entspricht dem übermäßigen Egoismus, der beseitigt werden muss. Der Baum veranschaulicht die verschwenderische Großzügigkeit der Natur. Und die reifende Frucht steht für das harmonische Zusammenwirken von Mensch und Natur.

Doch gerade die Wurzeln haben wahrscheinlich die ureigenste Bedeutung. Denn sie können als geistiges Spektrum beschrieben werden, das reine Güte, Uneigennützigkeit, Liebe, Gnade und Hingabe ausstrahlt.

*Verbohrte Wünsche, die dem Unkraut*
*mit seinen Flachwurzeln gleichen*

Sicherlich sind Ihnen schon Leute aufgefallen, die sich lauthals darüber aufregen, dass irgendeine unwichtige Sache schiefgegangen ist. Vielleicht konnte der Service in einem Restaurant nicht ihren Ansprüchen genügen oder die Warteschlange vor dem Kino war zu lang. Sosehr sich andere auch bemühen, sie zu beruhigen, ihre

Starrköpfigkeit und negative Einstellung sind so undurchdringlich und abweisend wie die ehemalige Berliner Mauer. Solche Menschen trachten danach, die anderen mit ihrer Bosheit anzustecken, damit alle dem Egoismus verfallen und Vorurteile hegen, und deren schlechtesten Seiten zum Vorschein zu bringen.

Ich betrachte diese Art des Verhaltens als »unkrautartig«, weil Nervensägen äußerst anstrengend sind und das Leben aus denen saugen, die ihren Hass nicht teilen. Hier haben wir es mit den äußerst verbohrten Wünschen von Zeitgenossen zu tun, die nicht nur die Existenz des allgegenwärtigen geistigen Lichts leugnen, sondern auch keinen inneren Abstand kennen. Sie sind rechthaberisch und erachten jeden anderen als feindseligen Ausbeuter.

Ausgerechnet sie, die kaum Mitgefühl zeigen, die also das Unkraut in der eigenen Seele nicht wahrnehmen und schon gar nicht erkennen möchten, wirken selber wie Unkraut gegenüber anderen. Sie haben ihre Wertvorstellungen von den Eltern oder der Gesellschaft übernommen, ohne nach dem Warum zu forschen, ohne sich je infrage zu stellen.

Folglich haben wir die Wahl, diese Leute entweder zu meiden oder allmählich zu begreifen, dass sie von der Natur gleichsam als Marionetten benutzt werden, die uns gerade durch ihr schlechtes Vorbild veranlassen, sowohl auf der ethischen als auch auf der spirituellen Ebene über sie hinauszugehen. Derart überwinden wir einmal mehr die Kluft, die uns von der umfassenden geistigen Wirklichkeit trennt.

## Baumwurzeln auf der Ebene des Unkrauts

Ein Baum verkörpert die höchste Absicht der Wurzeln, Blüten und Früchte hervorzubringen, die mit der Natur ringsum und den Menschen in enger Verbindung stehen. Diese Wurzeln widersetzen sich den »unkrautartigen« Wünschen. Auf genau dieser Stufe befinden sich viele Hobbygärtner. Schon die Gartenarbeit an sich wirkt beruhigend auf die Nerven, und sei es auch nur vorübergehend.

Dann gibt es andere Menschen, die zwar ebenfalls in diese Richtung tendieren, aber ihre Einstellung automatisch ändern, sobald die Umgebung wechselt. Zum Beispiel sitzen sie auf der Terrasse eines Restaurants, inmitten eines nach ökologischen Gesichtspunkten gestalteten Gartens. Man kann dabei die Vögel zwitschern hören. Genau diese Szenerie verleiht dem Wein ein umso intensiveres Bukett, das Essen schmeckt viel besser, und die Verbundenheit mit den Freunden oder Verwandten am Tisch erscheint noch viel angenehmer.

Ebendeshalb geben sich Restaurantbesitzer große Mühe, diese Art von natürlichem Ambiente zu schaffen, die das Wohlgefühl der Gäste wirklich steigert. Eine Zeit lang verwandelt sich deren übliche Verschlossenheit in eine umweltfreundliche Gesinnung, eine Membran, die alles Natürliche durchlässt: Sie werden empfänglich für »Schwingungen aus dem Grünen« und sind fast genauso liebenswürdig wie zutiefst geistige Menschen. Doch schon bald nach der Rückkehr in den Alltag schwinden die positiven Wirkungen. Kommen solche Leute dann in Kontakt mit Personen, die ständig einen »unkrautartigen« Egoismus an den Tag legen, bauen sie sehr schnell neue Spannungen auf. Dadurch kann es passieren, dass sie abermals auf die Ebene des Unkrauts herabsinken.

## *Baumwurzeln, die in die Tiefe reichen*

Damit sind Menschen gemeint, die nährende und heilsame Strahlen aus der Natur empfangen, weil ihre Wurzeln weitaus tiefer liegen als die des Unkrauts, weshalb sie mit jenen gar nicht erst konkurrieren. Sie fühlen das geistige Licht ringsum und wünschen sich, es gleichsam magnetisch anzuziehen, dadurch neue Kraft zu schöpfen und diesen Instinkt auch in anderen zu wecken.

Solche Personen werden zum Beispiel dringend von Unternehmen im Dienstleistungssektor gesucht. Sie haben ein einzigartiges Talent dafür, die Nerven selbst der schwierigsten Kunden zu beruhigen und auf deren Beschwerden mit großer Geduld einzugehen. Sie sind diejenigen, die alles Erdenkliche tun, um eine kranke Pflanze zu retten, und die uns bei Ross Daniels, Inc. immer wieder ihren Dank bekundeten, dass der *Root Feeder* ihre kranken Bäume zu heilen vermochte.

Zu ihnen gehören zweifellos die wahren, spirituell ausgerichteten Gärtner. Ihre edlen Vorhaben werden nur manchmal getrübt, weil sie im Eifer, die Welt zu verbessern, andere Menschen unwissentlich verletzen. Das geistige Licht zu verbreiten, ist eine knifflige Angelegenheit. Wer (noch) nicht bereit ist, es zu empfangen, kann hierbei durchaus Schaden nehmen.

Daher muss man im Hinterkopf behalten, dass die Natur am besten weiß, ob und wann jemand eine innere Befreiung erleben soll. Jede verborgene Sehnsucht oder Absicht wird sich in ihrem eigenen Rhythmus offenbaren. Alles geschieht zu seiner Zeit. Das heißt, der am Geistigen orientierte Mensch mit den tiefsten Wurzeln behandelt auch solche »Nachzügler« mit Respekt.

Die ursprünglichen Quellen menschlicher Sehnsucht bedürfen einer verfeinerten Sensibilität für die Natur, also eines fast telepathischen Einfühlungsvermögens in alles Lebendige, ob Flora oder Fauna. Man denke insbesondere an die Vögel, die man in Gärten zu locken versucht, als hätte der Himmel sie gesandt, um uns mit der höheren Welt in Verbindung zu bringen – als würden sie der Seele begreiflich machen wollen, dass allein deren Reinigung einen Schutz gegen niedere Versuchungen bietet.

Was immer das Bedürfnis wecken mag, die Natur zu hegen, die all ihre Schöpfungen hegt – es bringt die tiefsten Wurzeln der menschlichen Existenz zum Vorschein und fördert die Fähigkeit, es der Natur gleichzutun. In dem Maße, wie wir die dafür nötige Bereitschaft entwickeln, spielen wir eine aktive Rolle bei der Überwindung der Schranke zwischen ihr und uns.

Genau hierin unterscheidet sich der geistig mit der Natur verbundene Gärtner vom passiven. Der befreite Geist will, dass seine Eigenschaften mit denen der Natur harmonieren. Er fühlt sich in einem Gartenparadies ebenso zu Hause wie an weniger friedlichen Orten. Er wirkt, ähnlich der Sonne, zwanglos auf die Gesinnung anderer Menschen ein, damit auch sie eine innere Wandlung erfahren und ihren Nächsten mit Großzügigkeit und Weitsicht begegnen. Auf diese Weise nimmt der Garten Eden in uns allmählich Gestalt an.

# 10

## *WeedBlock/Unkrautschutz*

Der WeedBlock ist eine resistente Schutzfolie oder Unterlage, bestehend aus winzigen Trichtern, die das Sonnenlicht abblocken, zugleich aber Regenwasser eindringen lassen und optimal in den Boden weiterleiten. Ohne Sonnenlicht können Unkrautsamen nicht keimen, und wo kein Unkraut wächst, verfügen die Kulturpflanzen über alle notwendigen Nährstoffe, um wunderbare Blüten zu treiben, köstliche Früchte hervorzubringen und betörende Düfte zu verströmen. Obwohl dieses Material aus Kunststoff besteht, ist seine Funktionalität keineswegs künstlich.

Im Wald bilden abgefallene Blätter und Zweige einen natürlichen Mulch, der ebenfalls das Sonnenlicht fernhält und Regenwasser in die Tiefe sickern lässt. Eine entsprechende Wirkung kann im Garten dadurch erzielt werden, dass man den WeedBlock mit einer dünnen Schicht aus Rindenstücken bedeckt.

Diese Art der Anwendung eignet sich besonders in jenen Bereichen des Gartens, wo Rosenbüsche und Ziersträucher wachsen. Was den körperlichen Einsatz und die daraus resultierende innere Befriedigung angeht, ist sie wohl die passivste Methode zur Unkrautbekämpfung. Man kann die Unkräuter ja auch einzeln rupfen, sorgsam darauf bedacht, dass sämtliche Wurzeln mit ausgerissen werden. Außerdem gibt es spezielle Jätwerkzeuge, die nicht zuletzt in ergonomischer Hinsicht sinnvoll sind. Schließlich erweisen sich Herbizide – sparsam und gemäß den gesetzlichen Vorschriften zum Pflanzenschutz eingesetzt – als ziemlich effektiv.

Jedes Mal, wenn der Hobbygärtner zugunsten der Kulturpflanzen verantwortungsbewusst die eine oder andere Maßnahme ergreift, um aggressives Unkraut wie Giersch einzudämmen, bekundet er damit den Wunsch, die bewunderungswürdigen Schöpfungen der Natur wieder in jenen Zustand der Harmonie zu bringen, der vor ihrer Verpflanzung aus der natürlichen Umgebung herrschte.

Wenn wir nun die spirituell ausgerichtete Gartenpflege in den Mittelpunkt rücken, dann zeigt sich, dass die membranartige Struktur des WeedBlock verblüffende Perspektiven für eine künftige Gesellschaft eröffnet. In ähnlicher Weise, wie er – passiv – das Sonnenlicht zurückwirft, wirft die Natur – aktiv – ihr geistiges Licht auf uns zurück. Wie er dem Wuchern des Unkrauts Einhalt gebietet, befähigt sie uns dazu, der von Habgier gesteuerten Instinkte allmählich Herr zu werden und unsere Intentionen vom Ich auf das Du in all seinen Erscheinungsformen des Lebendigen zu richten. Welcher Ort auf Erden könnte uns eindringlicher dazu anhalten als der Garten? Gerade dort lernen wir, eine innige Verbindung zur Flora und Fauna herzustellen, sind wir Zeugen ihrer pulsierenden, niemals versiegenden Kräfte, kommen wir in Berührung mit der geistigen Quelle, die sie speist.

Je mehr wir also unsere privaten und öffentlichen Gärten hegen und pflegen, desto deutlicher wird sich die dadurch entstehende spirituelle WeedBlock-Matrix des Einzelnen auch im Rahmen der Gesellschaft bemerkbar machen. Die oftmals rigiden Strukturen früherer Gesellschaften, welche die Menschheit im Laufe der Jahrtausende gekannt hat, werden endlich mit wahrem Leben erfüllt, das der Gemeinschaft Orientierung und Sinn verleiht, eben weil es die tiefere und höhere Ordnung widerspiegelt. Dann werden wir geradezu übermannt von den Empfindungen, die das geistige Licht in uns auslöst, und fangen an, innerhalb einer kollektiven Einheit zusammenzuarbeiten, einander mit Achtung und Liebe zu begegnen. Darin liegt offenbar der Schlüssel zur Überwindung jener fundamentalen Krise, mit der unsere gegenwärtige Zivilisation konfrontiert ist.

Wer diese Vision als utopisch betrachtet, dem sei versichert, dass ihr nichts Dogmatisches anhaftet. Denn letztlich beruht die Entscheidung dafür immer auf unserem freien Willen.

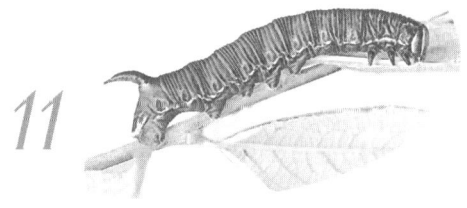

# 11

## *Wie man die Maden beseitigt*

$W$enn wir glauben, der Erfolg sei zum Greifen nah, tauchen manchmal unerwartete Hindernisse auf, die uns im Weg stehen. Dementsprechend bedarf auch die Kultivierung der schmackhaftesten Birne großer Sorgfalt, um vorherzusehen, welche äußeren Kräfte deren Entwicklung möglicherweise beeinträchtigen, sowie das optimale Substrat zu wählen, aus dem der Baum die nötigen Nährstoffe und Wassermengen ziehen kann. Es hat keinen Sinn, eine Birne zu destillieren, die dafür noch nicht reif ist. Ebenso gibt es keine magische Formel, die sofort zum Erfolg führt. Wir schreiten voran, indem wir eine Serie kleiner Misserfolge durch eine Serie kleiner Erfolge ausgleichen.

Nach dem morgendlichen Aufwachen sollten wir unsere speziellen Aufgaben mit jener Einstellung angehen, dass der Erfolg der ganzen Welt von uns abhängt. Die Pflanzen im Garten sind hierfür ein leuchtendes Vorbild, an dem wir uns orientieren können. Jeder Teil der Pflanze arbeitet harmonisch mit dem anderen zusammen – so wie jedes einzelne Gewächs mit all den anderen Gewächsen ringsum. Demnach wäre es wunderbar, wenn auch wir, um den höchsten Wirkungsgrad zu erzielen, keine Roh- und Nährstoffe vergeudeten und zugleich passende Maßnahmen ergriffen, die Krankheiten in der Natur zu heilen. Diese Handlungsweise gälte dann auch für den Umgang miteinander – mit der Familie, den Freunden, ja mit sämtlichen Mitgliedern der Gesellschaft.

Obwohl derartige Versuche schon oft unternommen wurden, schlugen sie immer wieder fehl. Entscheidend ist, Geist und Wahrnehmung weiter auszudehnen, damit das vollkommene Licht der Natur tief ins Innere einstrahlen kann. Dann wird es uns reinigen und unsere Sinne erfüllen.

Der Empfang dieses geistigen Lichts direkt aus der Natur ist gleichsam unsere Belohnung – die Anerkennung, die sie uns dafür zuteil werden lässt, dass wir ihre wesentlichen Eigenschaften, nämlich Großzügigkeit und Hingabe, nachzuahmen versuchen.

Die Pflanzen im Garten oder im Haushalt reagieren auf unsere liebevolle Fürsorge auf die einzige Art und Weise, die ihnen möglich ist – indem sie gedeihen und aufblühen. Ja, wir können zu ihnen sprechen, und sie lauschen uns wirklich.

Im Laufe des Tages müssen wir lernen, unsere inneren Maden zu bekämpfen, damit sie nicht übermäßig wachsen. Abends dann, nach getaner Arbeit, müssen wir sie ausräuchern, sodass sie uns nicht bis in den Schlaf verfolgen und im Traum peinigen. Zu diesem Zweck entzünden wir im Herzen ein Feuer, dessen Flammen unsere egoistischen Bedürfnisse und Neigungen tilgen.

Obstbäume zu räuchern war eine uralte Schutzmaßnahme gegen Schädlinge. Heute gilt der Einsatz von Pheromonen in Lockstofffallen als gängige Praxis. Das heißt, was für unseren inneren Garten gut ist, spiegelt sich wider in dem Wunsch, Schädlinge auch im äußeren Garten dank ökologischer Methoden unter Kontrolle zu halten.

# 12

## *Wie man*
## *die reifende Frucht behandelt*

Um einem Williams Christ Obstbrand den besten Geschmack zu verleihen, muss man die hohe Kunst erlernen, den Birnbaum zu kultivieren, dann die leere Flasche behutsam am Ast anbringen, so-dass die Frucht sich darin entwickeln kann, schließlich die Destillation durchführen und den Branntwein reifen lassen. Wenn man ihn hinterher verkostet, sollte man nicht nur seinen Herstellungs-prozess nachvollziehen, sondern auch versuchen, tief im eigenen Innern die Birne wieder mit ihren geistigen Wurzeln zu verbinden.

Jene Arbeit, die man für die Pflege des Birnbaums und die Destillation aufwendet, sollte mit einem wachsenden Gefühl der Freu-de und der Hingabe einhergehen. Diese richtet sich zunächst auf die Blätter, dann auf die Früchte. Es wird allgemein als wichtig angesehen, die Blätter rings um die reifende Frucht vor der Ernte zu entfernen. Sie würden sonst Wasser und Nährstoffe verbrauchen, die für die letzten Stadien der Fruchtentwicklung benötigt werden. Gerade dann nämlich sind die Früchte besonders anfällig. Außerdem muss man dafür sorgen, dass Vögel und Insekten solche Bemühungen nicht vereiteln.

Die Blätter sind, aufgrund ihrer Fotosynthese, das Kraftwerk und die Fabrik der Pflanze. Sie liefern ihr Nährstoffe und der Umwelt Sauerstoff. Auf der geistigen Ebene repräsentieren sie die Urteilskraft – die Fähigkeit, der Versuchung rein ichbezogener Genüsse zu widerstehen. Um ein bestimmtes Maß an Urteilskraft zu erlangen, muss man zunächst jedoch lernen, die Empfindung der Freude auszukosten. Während dieser Phase schützt die Natur Geist und Seele vor allzu starker Lichteinwirkung.

Zweifellos begegnen uns manchmal Individuen, denen die Bedürfnisse der Mitmenschen völlig gleichgültig sind. Sie ermangeln offenbar jenes Einfühlungsvermögens, das wir als selbstverständlich erachten. Vielleicht haben diese Leute anderen gefallen wollen, sich aber schon bald darüber ereifert, dass alle Welt sie ausnutzt. Ein solch negatives Gefühl zeugt von einem ausgeprägten Egoismus. Es deutet darauf hin, dass noch die scheinbar altruistischsten Taten von egoistischen Motiven gesteuert werden. Denn in zwischenmenschlichen Transaktionen spielen neben dem Geld weitere Zahlungsmittel eine wesentliche Rolle, und zu den subtilsten gehören Anerkennung, Ehre, Macht.

Normalerweise gewährleistet der Schatten, den die Blätter spenden, dass der gesunde Drang nach Selbstentfaltung in die richtigen Bahnen gelenkt wird, dass also das Individuum keine überzogenen Wünsche hegt, die sich nicht mehr beherrschen lassen. Auch hier kommt es darauf an, seine Handlungsweisen am Schaffensprozess der Natur zu orientieren, damit die persönlichen Erwartungen mit denen der anderen in Einklang stehen.

Wenn die Seele zu reifen beginnt – und erst dann –, sollten die Blätter um die Birne entfernt werden. Derart bereitet man das letzte Reifestadium vor. Im Hinblick auf den geistig-seelischen Bereich heißt dies: Man wandelt seine Wünsche mehr und mehr in Großmut und Hingabe um. Bisweilen schmecken gerade jene Früchte am besten und am süßesten, die aus den heimlichsten und schlimmsten Wünschen erwachsen. Deren Umwandlung erfordert die größte Anstrengung. Wie ein Athlet seinen Körper trainiert, muss man geistige Ausdauer entwickeln und so die Urteilskraft stärken.

Dieser Prozess beginnt damit, dass man seinem Verlangen nach entbehrlichen Dingen Einhalt gebietet. Man öffnet sich dem geistigen Licht ringsum, arbeitet damit und nimmt die Wirkungen wahr, die es auf einen ausübt. Es kommt aus der Quelle alles Guten und ist reine Natur, unendliche Gabe, ewige Selbstlosigkeit – also völlig verschieden von unserer eigenen Natur. Das Licht enthüllt unsere unlauteren Absichten und veranlasst den Willen, einfach nur zu empfangen. Er bedarf der Korrektur, denn die Wünsche sind an sich neutral und liefern lediglich den »Brennstoff«, der uns vorantreibt. Mit immer mehr Licht im Innern, das die Vormacht des Ego gleichsam auflöst, wird uns dann allmählich bewusst, dass paradoxerweise jede Handlung, die dem anderen gilt, am Ende auch uns selbst zugutekommt.

Ein erlesener Williams Christ Obstbrand kann nur aus den besten, an der Sonne gereiften Birnen destilliert werden. Gestatten Sie also Ihren inneren Blättern, sich in der Weise zu entwickeln, dass sie der Frucht zunächst den nötigen Schatten spenden. Lassen Sie sich nicht dazu hinreißen, ein aufgeblähtes, dünkelhaftes Ego auszubilden. Mit der Zeit werden Sie allmählich merken, dass der Geschmack des geistigen Destillats intensiv genug ist, um die Selbstbezogenheit zu überwinden, und einen Anreiz bietet, noch tiefere Empfindungen auszukosten, noch höhere Ebenen anzustreben.

# 13

## Die Steine
## aus dem Boden entfernen

Nur die süßesten Birnen können zum besten Obstbrand destilliert werden. Dieser Prozess verlangt, dass sämtliche Nährstoffe im Erdboden freigesetzt werden. Gemäß den Bedürfnissen des Birnbaums erfordert die Entwicklung der Blätter möglicherweise eine erhöhte Aufnahme von Stickstoff. Dann, wenn die Blüten Knospen treiben oder wenn die Frucht heranreift, ist Phosphor vonnöten. Damit all diese Stoffe verfügbar bleiben, muss das Wurzelwerk von oben bis unten richtig bewässert werden. Ebendeshalb hat der Einsatz des *Root Feeder*s so viele Vorteile: Er veranlasst die Wurzeln, in tieferen Schichten nach Nahrung und Wasser zu suchen. Auf diese Weise aktiviert er – auch dank der günstigen Auswirkungen eines aufgelockerten Bodens – bestimmte Mikroorganismen, welche die Substanzen in verwertbare Komponenten aufspalten.

Das Umgraben des Bodens ist ein wesentlicher Teil der Gartenarbeit. Für besonders feste Erden gibt es sogenannte Bodenfräsen. In anderen Fällen reicht ein Rechen. Man stelle sich nur einmal vor, wie mühsam die Gartenarbeit wäre, wenn wir sie mit bloßen Händen ausführen müssten!

Damit eine Pflanze gedeiht, muss der Boden durchlässig genug sein für Wasser und Luft. Reiner Sand ist normalerweise nicht gut, weil Wasser und Nährstoffe darin versickern. Außerdem gibt es einige Arten von Böden, die ungeachtet der besten Absichten des Hobbygärtners bearbeitet und angereichert werden müssen. Wenn sich etwa im Untergrund große Steine befinden, sollte man sie entfernen und durch besonders mineralienhaltige Erde ersetzen, die sich mit der vorhandenen Erde gut vermischt.

Solche Tätigkeiten haben sehr tiefe geistige Wurzeln. Indem wir das Land bestellen, entschlacken wir gleichsam unsere Wünsche und Neigungen. Sie müssen gerade wegen ihrer negativen Aspekte beleuchtet und zum Vorschein gebracht werden. Sobald wir dann das Übel im Innern erkennen, dämmert uns, was zu dessen Beseitigung notwendig ist.

Der Kabbalist Baruch Ashlag hat die Parallele zwischen Gartenarbeit und innerer Arbeit aufgezeigt:

*So, wie man Baumwurzeln in die Erde gräbt, sollte man in sich graben und nach seinem Wesen suchen, nach dem Grund, warum man in diese Welt gekommen ist. Das Wachstum eines Baumes hängt ab von der Erde, in die er gepflanzt wurde. Damit der Same keimt und Wurzeln treibt, muss der Boden bestellt, also gehackt und umgewendet werden. In ähnlicher Weise hängt die geistige Entwicklung eines Menschen von der Suche nach seinem Lebensziel ab. Er sollte sich »umgraben« und den Zweck entdecken, aufgrund dessen er zur Welt kam. Durch diese innere Prüfung belebt er seine geistigen Wurzeln – und folglich auch die Äste und Zweige, die von den Wurzeln genährt werden.[5]*

Wer Steine aus dem Boden entfernt, bereitet damit den Grund für die Tätigkeit des Geistes. Er überwindet die von egoistischen

Motiven beherrschte Selbstliebe zugunsten der Liebe zu anderen, denn nur diese gewährt die echte, vollkommene und ewige Freude.

Dazu bedarf es einer großen Anstrengung. Wir gehen in uns, stoßen auf vielerlei Steine (»ein Herz aus Stein«) und sind bemüht, sie aus dem Weg zu räumen. Immer wieder packt uns dann die Verzweiflung. Wir dachten, alles meistern zu können, müssen jedoch feststellen, dass nichts uns gelingt. An diesem Punkt kommen wir zu der Überzeugung: Allein die Natur mit ihrem umhüllenden Licht vermag unser Herz zu reinigen. Sie, die unser Verstehen übersteigt, führt uns aus Verzweiflung und Enttäuschung. So markiert das Ende eines schlechten Zustandes den Anfang eines besseren Zustandes. Jedes Mal entledigen wir uns eines Aspekts, der verhärtet war, und ziehen umso mehr Licht an.

Die Steine, von denen wir hier sprechen, können auch mit Nierensteinen verglichen werden. Diese sind anfangs klein, kaum wahrnehmbar. Allmählich werden sie größer und verursachen Schmerz. Röntgenstrahlen machen sie sichtbar, und Laserstrahlen lösen sie schließlich auf. Der Gesundungsprozess ist manchmal ebenso unangenehm wie die Selbstverwirklichung. Deshalb ziehen es viele Menschen vor, im Dunkeln, in der Unwissenheit zu leben. Doch dadurch verschwinden die Probleme nicht, im Gegenteil, sie werden umso schlimmer.

Die Gartenarbeit hat zahlreiche günstige Wirkungen, die von Psychologen und Therapeuten erst noch entdeckt und anerkannt werden müssen. Sie erlaubt nämlich dem Individuum, nicht nur das sichtbare Licht aufzunehmen, sondern, auf einer unterschwelligen Ebene, auch jenes verborgene Licht, das eine tiefe Empathie hervorruft und so die Richtung zu einem harmonischen Miteinander weist. Wenn der Gärtner einen Stein aus der Erde oder aus seinem Innern entfernt, dann ist das nur ein geringer Preis für den Aufstieg auf eine höhere Bewusstseinsstufe. Er weiß und wird nie vergessen: Das Materielle, dem wir aus Egoismus huldigen, beschwert uns, verwandelt uns zusehends in Staub. Das Geistige aber ist jene besondere Kraft in und über der Natur, die unsere Seele durchdringen kann, deren Strahlen auf andere Menschen lenkt und uns allen immer tiefere Einsichten gewährt.

# 14

## *Wenn die Wurzeln an die Oberfläche kommen …*

$B$esonders während einer Dürreperiode kann es passieren, dass Baumwurzeln auf der Suche nach Wasser aus dem Boden auftauchen. Dann ist es ratsam, sie entweder mit Erde zu bedecken oder mit Wasser und Nährstoffen zu versorgen. So werden sie sich dieser Quelle zuwenden.

Bäume sind naturgemäß tief verwurzelte Pflanzen. In den meisten Fällen ist ihr Wasserbedarf größer als der von Rasenflächen. Um festzustellen, ob ein Baum leidet, sollte man auf etwaige kahle Stellen achten. Das ist ein Hinweis, dass er Wasser und Nahrung aus der Oberfläche zieht. Bedeckt man die zutage getretenen Wurzeln nicht mit Erde, ist das so, als würde man ebenso oberflächlichen wie flüchtigen Bedürfnissen zum Opfer fallen, anstatt die tieferen Sinne zu entwickeln. Ein schnell verfügbares Getränk stillt zwar den Durst, zugleich aber mindert es die Fähigkeit zur feineren Wahrnehmung. Das heißt, wir geben uns dem bloßen Genuss hin, ohne zu jener inneren Mitte vorzudringen, aus der wir Einblick gewinnen in das, was uns übersteigt.

Um uns mit der Natur in Einklang zu bringen, müssen wir die von Geburt an vorhandene und zunächst notwendige Selbstbezogenheit in eine Naturverbundenheit umwandeln. Damit überwinden wir die Kluft zwischen individuellem Bewusstsein und allumfassendem Geist. Das erfordert viel Mühe, denn es widerstrebt uns, den Fokus auf die Natur zu richten. Doch sie kennt den Plan, der unserem Dasein zugrunde liegt, und ihm gilt es zu vertrauen.

Obwohl es unlogisch oder gar töricht erscheinen mag, dem egoistischen Drang Einhalt zu gebieten, sollten wir an die Weisheit der Natur glauben. Wenn für die Wurzeln des Baumes letztlich kein Vorteil darin besteht, sich in Richtung der Oberfläche auszudehnen, werden sie »instinktiv« nach unten wachsen. Dort befindet sich die eigentliche Quelle. Und dementsprechend werden auch wir unsere Wünsche überprüfen zugunsten einer Verinnerlichung, die uns noch größere geistige Freuden verspricht.

# 15

## *Die Zweige zurückschneiden*

Während des Frühjahrs können vertrocknete oder abgestorbene Zweige die Fotosynthese des Baumes und seine Fähigkeit, neue Triebe auszubilden, stark beeinträchtigen. So, wie wir tote Zweige, die keine Frucht mehr tragen, entfernen, lernen wir jene Eigenschaften loszulassen, die uns hindern, den wahren Sinn unseres Lebens zu verstehen. Im Wissen, wie und wann welche Zweige zurückgeschnitten werden müssen, offenbart sich die Kunst des Gartenbaus. Sie besteht darin, die günstigsten Voraussetzungen für das Gedeihen jedes Baumes zu schaffen. Zugleich stehen wir hier vor einem Dilemma. Wollen wir die Pflanzen den allgemeinen Vorstellungen menschlicher Kultur anpassen – oder behandeln wir sie in der Weise, dass sie mit der Natur selbst harmonieren?

Menschen kultivieren ihre Pflanzen aus ganz unterschiedlichen Gründen. Viele möchten sie im Zaum halten, um so den in der Nachbarschaft üblichen Gepflogenheiten zu entsprechen. Andere suchen die gesellschaftliche Anerkennung, indem sie ihre gärtnerischen Fertigkeiten zur Schau stellen. Und manche ziehen aus ihren Aktivitäten im Garten wenigstens zeitweise einen therapeutischen Nutzen.

Die spirituell geprägte Gartenpflege ist eine Reaktion auf das starke innere Bedürfnis, mit der Natur in Einklang zu sein. Wer sie in dieser Art betreibt, möchte damit nicht die Nachbarn beeindrucken, sondern auch seiner tiefen Unzufriedenheit mit moderner Industrie und Technologie Ausdruck verleihen.

Das wurde mir klar, als ich im September an einer Handelsmesse in Oregon teilnahm und dort mit mehreren Besitzern von Gartencentern und Managern sprechen konnte. Dabei spürte ich ihre bittere Enttäuschung, ja Wut; für sie ist Gartenpflege keine »sanfte« Tätigkeit, sondern ein scharfer Protest gegen die von Großkonzernen betriebene Ausbeutung der Natur. Diese Einstellung erscheint

mir ebenso aufrichtig wie erfrischend. Neben zahlreichen Hobbygärtnern ist also auch den Experten bewusst geworden, dass die
Natur leidet und sich nun mit ihren Mitteln zur Wehr setzt.

Der Weg zu einer geistig ausgerichteten Gartenpflege führt durch
Unkraut und Dornen. Im günstigsten Fall wurde man in frühen
Jahren von den Eltern damit vertraut gemacht, und das Gärtnern
war Teil der Aufgaben im Haushalt. Oder man hat einen Waldorf-
kindergarten, eine Waldorfschule besucht, wo die Arbeit im Garten
zum Stundenplan gehört. Später, auf der Universität, schloss man
sich vielleicht einer Organisation oder Partei zum Schutz der
Umwelt an und lernte, nur solche Substanzen und Techniken einzusetzen, die ihr keinen Schaden zufügen. So fanden die daraus
resultierenden Vorstellungen Eingang in das persönliche Wertesystem: Man pflegt jetzt Umwelt und Garten in der festen Überzeugung, dass dies richtig und lebensnotwendig ist.

Je intensiver man sich der Gartenpflege widmet, desto mehr wird
sie einem zur zweiten Natur. Man lässt das wunderbare Licht, das
die Pflanzen widerspiegeln, bis ins Innere dringen und empfängt

dabei auch die Strahlen aus dem Universum des Geistes. Zudem begreift man allmählich, dass in der wachsenden Zahl Gleichgesinnter eine große Stärke liegt. Das heißt, man tritt mit jenen in Kontakt, die genauso denken und fühlen wie man selbst.

Schließlich reift die Einsicht, warum die Natur es überhaupt gestattete, von der Menschheit derart verletzt zu werden. Ohne Unkraut und Dornen – sprich: Umweltzerstörung – wären wir nie motiviert worden, unser Bewusstsein auf eine höhere Ebene zu bringen und unsere Bemühungen um ihre Rettung so weit voranzutreiben. Demnach können wir der Natur dankbar sein, dass sie uns den Anstoß gibt, dem sich ausbreitenden Feuer zu entkommen und in ihren offenen Armen Zuflucht zu finden.

Dazu bedarf es der Besinnung auf das Wesentliche. Sie beginnt damit, dass wir die durch Egoismus vertrockneten Zweige zurückschneiden, weil sie unseren geistigen Fortschritt hemmen. Ihn müssen wir fördern, um die wirklich wertvollen Früchte zu ernten – jene nämlich, die unsere enge Verbundenheit mit der Natur bezeugen.

# 16

## *Dem inneren Baum Gestalt verleihen*

*D*ie Gestaltung des inneren Baumes erfordert, dass man die Auswüchse des Egoismus beschneidet und so ein optimales Gleichgewicht zwischen Mensch und Natur herstellt. Dieser Prozess vollzieht sich in mehreren Etappen, so wie auch der Baum oder Busch im Garten während der betreffenden Jahreszeit mehrmals gestutzt werden muss.

Bezüglich der Pflanzen ist dabei ein Sinn für visuelle Harmonie vonnöten, im Geistigen eine stete Erforschung der Innenwelt mit dem Ziel, das eigene Denken und Fühlen gemäß den äußerst vielschichtigen Wirkungen der irdischen wie der überirdischen Natur zu schulen und zu formen.

Der Kabbalist Michael Laitman umschrieb diesen Vorgang folgendermaßen:

*Ein Individuum muss jede neue Information sowohl mit dem Verstand als auch mit dem Herzen genau untersuchen. Der Verstand erfasst zunächst nur fremde, trockene Information. Wenn wir beschließen, sie zu prüfen und zu verinnerlichen, wird sie sich einprägen und in uns bleiben. Je mehr ein Mensch lernt, bei dieser Art von Untersuchung Verstand und Herz einzusetzen, desto begründeter wird sein Urteil sein. Der Verstand bleibt dem Materiellen verhaftet, wenn die eigene Motivation nicht auf Großzügigkeit und Geben beruht. Es gilt, Verstand und Herz miteinander in Einklang zu bringen, wobei jener aus diesem kommt … Benutzt man beide, um Liebe und Hingabe auszustrahlen, hat man einen gottesfürchtigen Geist. Bemüht man sich dagegen nicht, sein Fühlen durch Liebe und Hingabe zu vervollkommnen, ist der Geist materiell gebunden …*

*Der innere Baum selbst ist die Absicht. Wir sind Absichten, nicht Wünsche. Zwar bezeichnen wir Absichten als Wünsche, aber das ist unrichtig. Denn in der Absicht gibt der Wille das Maß vor, ob man*

*mehr oder weniger, wann und von wem man empfängt … Die*
*Bäume zeigen ihre Kraft nach außen hin (indem sie blühen). Es ist*
*offensichtlich, dass sie bereits Früchte tragen möchten, um einen Men-*
*schen zu beschenken. Wenn der Baum blüht, gibt er. Sonst würde er*
*seine Früchte nicht reifen lassen.*[6]

Wie dem Unkraut ist uns die Absicht eigen, nur für uns selbst zu
empfangen. Dann bewirkt ein verfeinerter Bewusstseinszustand,
die Ichbezogenheit in Hingabe umzuwandeln. Während dieser
Phase setzt sich der innere Baum allmählich über die unkrautartigen Instinkte hinweg und beginnt zu wachsen. Einige Menschen
entwickeln diese Absicht auf natürlichere Weise als andere. Aber
keine Sorge: Gerade die Sturheit kann dazu führen, dass im Verborgenen ein umso größeres geistiges Potenzial entsteht, das irgend-
wann später verwirklicht wird.

Der gesamte Prozess, der zur Befreiung vom Egoismus oder zum
geistigen Erwachen führt, kann mit dem strengen Fitnessprogramm
eines Sportlers verglichen werden. Man stelle sich vor, er müsste

mitten in der Großstadt während eines Smogalarms trainieren. Um diese Art von Hindernis zu überwinden, bräuchte er mehr Durchhaltevermögen als einer, der in der frischen Luft der nahe gelegenen Berge trainiert. Wie jener Sportler dürfen auch wir uns nicht beirren lassen. Und gerade die Gartenarbeit ist eine gute Bewährungsprobe für uns, denn immer wieder werden wir dabei mit Problemen konfrontiert: Frost, Schädlinge, Unkraut, Moos, Schimmel. Wir müssen verstehen lernen, warum und wie solche Widrigkeiten auftauchen konnten, und sie auf ökologisch verantwortungsvolle Weise beseitigen.

Zusammenfassend lässt sich sagen, dass der innere Baum ein höchst anschauliches Symbol darstellt, welches unser Dasein in der körperlichen Welt mit unseren geistigen Wurzeln verbindet. Je mehr wir diese beiden Bereiche miteinander in Einklang bringen, desto schönere Blüten, desto köstlichere Früchte wird er tragen.

# 17

## *Das Erdreich und*
## *seine wundersamen Wirkungen*

*H*eute weiß man über die physikalischen, chemischen und bio-
chemischen Vorgänge im Erdreich viel besser Bescheid als zu den
Zeiten meines Großvaters. Es geht dabei nicht mehr nur um Nährstoffe und pH-Werte, sondern vor allem um die Wechselwirkungen
zwischen Mikroorganismen und die von ihnen produzierten En-
zyme. Wesentlich ist die Einsicht, dass Leben neues Leben hervorbringt.

Das heißt, wir müssen uns der Natur anpassen und dafür sorgen,
dass die Erde fehlende Nährstoffe auf natürliche, ja holistische
Weise wiedergewinnt, anstatt sie einfach mit Mineralsalzen zu
überschwemmen. Nach Auffassung von Layan Dawud Said, eines

amerikanischen Experten im Fach Bodenkunde, erweckt das zuge-
führte Wasser die Erde zu neuem Leben:

*So spielt das Wasser eine wichtige Rolle in der Kommunikation der
Zellen und ermöglicht damit eine Vielzahl von metabolischen Funk-
tionen und Reaktionen – nicht nur auf der chemischen und bioche-
mischen Ebene, sondern auch beim Empfang und der Übermittlung
vitaler Informationen. Wenn die inaktiven Mikroorganismen im
Boden durch die Tätigkeit des Wassers belebt werden und infolge der
stärkeren Auflockerung zu atmen beginnen, zerlegen sie organische
Stoffe und setzen dadurch alle notwendigen Komponenten frei, um
jene Nährstoffe zu synthetisieren, die die Stoffwechselfunktionen der
Pflanzen gewährleisten.*

*Jeder Mangel an einer dieser Komponenten wird einen Mangel in der
Funktion der Pflanze hervorrufen, der sich dann in einem physiologi-
schen Symptom äußert, zum Beispiel in einer Eisenchlorose, einem Ei-
senmangel in der Pflanze. Die genaue Chemie dieses Vorgangs ist jenseits dessen, was man erwartet, weil Eisen im Boden als Eisenoxid*

*vorkommt und bestimmte Bedingungen erfüllt sein müssen, damit seine Zustandsform mit der Oxidationszahl +3 auf eine Zustandsform mit der Oxidationszahl +2 reduziert wird – bewirkt durch Mikroorganismen und spezielle chemische Ausgangsstoffe, um Äthen (Äthylen) zu synthetisieren, das für gewisse physiologische Prozesse in der Pflanze wichtig ist, die wiederum die Produktion von Chlorophyll beeinflussen können.*[7]

Diese Ausführungen belegen von wissenschaftlicher Seite die äußerst komplexen Prozesse im Erdreich und machen deutlich, wie sehr es auf Wasser angewiesen ist. Sein metabolisches Gleichgewicht hat obersten Vorrang, und genau deshalb müssen wir unseren Beitrag leisten, indem wir mithilfe des *Root Feeders* Wasser und Nährstoffe zuführen. Damit geben wir der Natur wenigstens einen Teil dessen zurück, was ihr genommen wurde, als wir Bäume aus ihren ursprünglichen Waldgebieten in unsere Gärten verpflanzten.

Ein Baum bekundet auf subtile Weise, dass er leidet: ein gelbes Blatt hier und da, kahle Stellen im Rasen unterhalb der Krone –

oder die Wurzeln verlangen derart nach Feuchtigkeit, dass sie an der Oberfläche zu wachsen beginnen. Durch unseren fürsorglichen Eingriff an den tieferen Wurzeln bringen wir den Baum wieder dazu, so zu wachsen, wie die Natur es ihm bestimmt hat.

Mit diesem Akt bezeugen wir nicht nur unsere Wertschätzung ihr gegenüber, sondern befreien uns auch von der lähmenden Gleichgültigkeit oder Selbstzufriedenheit. Die ausgetrocknete Erde, die weder Wasser noch Nährstoffe aufnehmen kann, ist ein Sinnbild dafür, dass wir unsere geistigen und seelischen Bedürfnisse haben verkümmern lassen. Wie dürsten wir doch manchmal nach einer inneren Erfrischung! Aber die Natur selbst hat diesen Mangel verursacht, damit wir gezwungen werden, unsere Trägheit zu überwinden und ihrem Ruf nach Erneuerung zu folgen.

Wenn wir dann die tiefen Wurzeln des Baumes pflegen, lernen wir eine Lektion in Großzügigkeit und Hingabe, die uns wiederum hilft, den alten, starren Gewohnheiten zu entsagen und endlich die eigenen tiefen Wurzeln zu nähren.

Es ist einfach, in klimatisierten Wohnungen, Häusern oder Autos zu verharren, wo wir die Hitze gar nicht mehr spüren. Je mehr uns dieser Zustand als normal erscheint, desto klarer sollten wir erkennen, dass er uns im Grunde betäubt. Geben Sie sich einen Ruck, gehen Sie hinaus in den Garten und hegen Sie Ihre Gewächse, die darben und zu verkümmern drohen. Stillen Sie den Durst der Wurzeln mit frischem Wasser – oder graben Sie ein Beet um, damit das kostbare Nass länger im Boden bleibt. Und Sie werden sehen: Jeder Baum, jede Blume, ja sogar jedes Unkraut enthält eine Weisheit, dank deren wir den Sinn des Lebens ein wenig besser verstehen.

# 18

## *Die Vögel im Garten*

Gemäß den Empfehlungen des Naturschutzbunds Deutschland e.V. sollten wir den Vögeln im Garten Schutz (Hecken, Büsche, Bäume, Laubhaufen, Nistkästen), Nahrung (Futter im Winter, fruchttragende Bäume wie Eberesche, Schneeball, Holzapfel) und Wasserstellen bieten; dann werden sie sich von ganz allein dort niederlassen. So sind sie besser geschützt vor ihren Feinden, können Eier legen und brüten, Insekten und Würmer im Boden finden.

Eine farbenprächtige Blumenwiese lockt vielerlei Insekten an und liefert den Vögeln ein fertiges Mahl, weil auch die Pflanzensamen als Nahrung dienen.

Zu den typischen Gartenvögeln gehören Amsel, Haussperling, Grünfink, Rotkehlchen, Zaunkönig, Blau- und Kohlmeise, Elster,

Star, Mönchsgrasmücke, Hausrotschwanz, Buchfink und Mehlschwalbe.

Zahlreiche Vogelarten ziehen nicht nach Süden und bleiben das ganze Jahr über im oder nahe dem Garten. Mönchsgrasmücken, Hausrotschwänze und Mehlschwalben sind Insektenfresser und überwintern daher im Mittelmeerraum oder in Afrika. Auch einige Stare suchen diese Gebiete auf. Der Naturschutzbund rät, die Vögel ausschließlich in der kalten Jahreszeit zu füttern (weil sie sonst die Fähigkeit verlieren können, sich selbst zu versorgen), und zwar insbesondere dann, wenn der Boden mit Schnee bedeckt oder zugefroren und die Nahrungssuche schwierig ist.

Es versteht sich von selbst, dass man auf Pestizide verzichtet, weil sie die Nahrung für Vögel ungenießbar machen. Wer sein Obst abschirmen möchte und Bäume und Sträucher mit Vogelnetzen umspannt, sollte zugleich daran denken, Büsche zu pflanzen, die Beeren als Ersatzfutter tragen. Wir müssen stets darauf vertrauen, dass die Natur wirklich weiß, was sie tut, und für alle Lebewesen vorsorgt. Wenn wir also in unserem Garten ein natürliches System nachbilden, das Vögeln Unterschlupf gewährt, befolgen wir nicht blindlings abstrakte ökologische Grundsätze, sondern sind unmittelbar im Einklang mit den geistigen Gesetzen und organischen Wirkungsweisen der Natur.

Im geistig-seelischen Bereich symbolisieren Vögel einen erhöhten, verfeinerten Zustand. So betrachtet, erinnern sie uns daran, dass wir unsere körperliche Existenz, die immer auch Abgrenzung bedeutet, transzendieren müssen, um einen Aufschwung, eine Erhebung in die ätherische Wirklichkeit zu erfahren. Erst wenn wir daran unser Denken und Fühlen orientieren, können wir uns der eigenen geistigen Ursprünge bewusst werden. Dann sind die Rufe und Gesänge dieser zum Himmel strebenden Wesen wunderbare Zeichen, die uns den Weg zur Erfüllung zeigen.

Dementsprechend stellen Vögel den vollkommenen himmlischen Altruismus dar – einen Zustand, der von uns so weit entfernt ist wie der Himmel von der Erde. Wir können ihn nicht direkt erreichen. Auf das Niveau von fliegenden Vögeln gelangen wir nur, indem wir zunächst die pflanzliche Umgebung in unseren Gärten fördern. So werden sie, durch den Duft und den Anblick der reifenden Beeren herbeigelockt, kommen, um uns in ihr höheres Reich zu entführen.

Jede Etappe der geistigen Entwicklung kann mit einer Jahreszeit identifiziert werden. Zunächst kommt die Periode, in der wir bestimme Wünsche hegen, dann jene, in der wir sie befriedigen und einfach genießen. Das heißt, während der winterlichen Ruhe und Abgeschiedenheit nähren wir das Ego in gesundem Maße, um unsere Lebenskraft zu regenerieren; in Frühling und Sommer erfreuen wir uns an ihren Blüten und im Herbst schließlich an ihren Früchten. Dieser wiederkehrende Zyklus wird unsere Wahrnehmung immer mehr verfeinern und unser Bewusstsein auf immer höhere Ebenen tragen.

Die subtile Symbolik der Vögel scheint eine doppelte Funktion zu beinhalten. Einerseits locken sie uns aus unserer Selbstzufriedenheit in einen wacheren Zustand, andererseits aber erinnern sie uns daran, wie viel innere Arbeit wir noch zu bewältigen haben. Diese

empfindliche Balance muss um jeden Preis aufrechterhalten werden. Auch wenn wir nicht alle Aspekte des Geistigen erfassen können, sollten wir doch darauf vertrauen, dass es uns im Bemühen
um Entwicklung, Einsicht und Fortschritt nie im Stich lässt.

# 19

## *Dachgärten, Dachbegrünung und die Kraft des Wassers*

Die Gestaltung des Dachgartens sowie die Dachbegrünung sind heute sehr beliebt, um die häusliche Umwelt zu verschönern und zu entgiften. So entsteht zusätzlicher Sauerstoff, Schadstoffe werden gefiltert und ultraviolette Strahlen absorbiert. Außerdem nehmen diese kleinen Biosphären das Regenwasser auf und fördern damit nicht nur das Wachstum der Pflanzen, sondern verringern letztlich auch die Gefahr einer Überschwemmung.

Das Wasser als reinigende Kraft versinnbildlicht das Licht der Gnade. Doch in unserer Zeit erweisen sich seine Fluten infolge des Klimawandels oft als tödliche Bedrohung. Auf die innere Ebene übertragen: Wird jemand ständig von widersprüchlichen Gedanken und Wünschen beherrscht, bricht gleichsam die Sintflut über ihn herein. Obwohl sie alles zerstören kann, hat ihre Gewalt nichtsdestotrotz eine kathartische Wirkung.

Diese entfaltet sich aber nur dann, wenn wir, wie Noah, eine Arche erbauen. Noah repräsentiert den Menschen, der in eine Lage geraten ist, wo ihn die Wassermassen von seinem Weg abzubringen drohen. Das heißt, er paktiert mit fremden Mächten und verfolgt ungute Absichten, die ihn dann nicht mehr loslassen. Er handelt unter Zwang, getrieben von Begierden nach Besitz, Reichtum oder Ruhm auf Kosten der anderen.

Ein einziges Mittel vermag die Seele zu retten: Wir müssen wieder in Einklang kommen mit der Schöpfung und uns ihren tiefen Sinn vergegenwärtigen. Dazu brauchen wir eine Arche, einen Schutzschild, der uns vor Zerstreuung, Verführung und Angst – vor all dem Wahn dieser Welt – bewahrt. Sonst können wir, ob als Individuum oder im Rahmen der Gesellschaft, keine geistigen Fortschritte erzielen. Nur wer den Sinn der Schöpfung in sich trägt, ist gewappnet gegen äußere Einflüsse, die Verwirrung und Unheil stiften.

Wasser übermittelt den Pflanzen Lebenskraft, aber in spiritueller Hinsicht stellt es jene Energie dar, die uns erlaubt, den egoistischen Bodensatz im Innern zu beseitigen. Um ihrer teilhaftig zu werden, müssen wir unsere Motive ändern und an höheren Zwecken ausrichten.

Der farbenprächtige Scharfe Mauerpfeffer, der oft für die Dachbegrünung benutzt wird, bildet einen wohltuenden Kontrast zu den üblichen Ziegeln. Vielerlei Gründe sprechen dafür, dass grüne Dächer ökologisch sinnvoll sind. Meines Erachtens bescheren sie uns jedoch in erster Linie einen geistig-seelischen Gewinn. Denn allein durch die Einsicht, dass sie einen Beitrag zum Umweltschutz leisten, wird man eingebunden in die Natur und fühlt sich gewissermaßen als ihr Teilhaber. Die Schönheit des grünen Dachs wird nur noch übertroffen von der Schönheit der aufblühenden Seele.

Ohne eine solche geistige Orientierung besteht die Gefahr, dass unser moralischer Kompass durch die negativen Einflüsse der Zivilisation weiterhin empfindlich gestört wird. Umgekehrt aber können wir diese dank einer inneren Läuterung umlenken in Bahnen, wo sie uns förderlich sind. Wenn also die moderne Technologie unsere egoistischen Triebe extrem verstärkt hat, dann führt uns das Wissen um die Möglichkeit, grüne Flächen auf dem Dach zu schaffen und damit innere Räume zu erleuchten, über den Status quo hinaus. Bezogen auf das Wasser: Je mehr es regnet, desto größer die Chance, schließlich doch ein geistiges Erwachen zu erleben.

In dieser Weise entwickeln wir gemeinsam mit Menschen, die ebenfalls ihr Dach begrünen und sich aktiv für die Natur einsetzen, ein auf Empathie und Respekt gründendes Netzwerk.

Sagt schon ein Garten einiges über die Mentalität seines Besitzers aus, so gilt dies umso mehr für ein grünes Dach, da es genauer Planung bedarf und viel Zeit und Mühe kostet. Es scheint fast, als würden sich die Bewohner dieser Häuser mit besonderem Eifer den Herausforderungen stellen, mit welchen die Natur sie ebenso konfrontiert wie die Gesellschaft; und als ließen sie nichts unversucht, um ihre Energien so zu kanalisieren, dass sie in Absicht und Tat den Eigenschaften der Natur immer näher kommen.

# 20

## *Eine Gemeinschaft gleichgesinnter Gärtner gründen*

$D$ank unseres tieferen Verständnisses von der Gartenpflege können wir nun auch ermessen, wie wichtig es ist, die Gärtner in der Nachbarschaft über einen etwaigen Schädlingsbefall zu informieren. Bei derartigen »Invasionen« sitzen wir wirklich alle im gleichen Boot. Ungeziefer macht vor keinem Zaun, keiner Grenze Halt. Jeder ist davon betroffen.

Davon handelt die klassische, 1938 im *Esquire* veröffentlichte (und später auch verfilmte) Kurzgeschichte von Carl Stephenson,

*Leiningen versus the Ants*, in der die Hauptfigur, ein Plantagenbesitzer im brasilianischen Regenwald, angesichts der einfallenden riesigen Ameisen vom Bezirksvorsteher zu hören bekommt: »Leiningen! Sie sind verrückt! Das sind keine Kreaturen, die Sie bekämpfen können – das ist eine Urgewalt, ein ›Akt Gottes‹! Zehn Meilen in der Länge, zwei Meilen in der Breite – Ameisen, nichts als Ameisen! Und jede einzelne von ihnen ein Scheusal aus der Hölle; ehe Sie drei Mal gespuckt haben, fressen die einen ausgewachsenen Büffel bis zu den Knochen auf. Ich sage Ihnen, wenn Sie nicht sofort verschwinden, wird von Ihnen nicht mehr übrig bleiben als ein Skelett, genauso sauber abgenagt wie Ihre Plantage.«

Erst am Ende gelingt es Leiningen unter Aufbietung all seiner Kräfte, die Angreifer zu vernichten, indem er sämtliche Felder mit Wasser aus dem nahe gelegenen Fluss überschwemmt.

Zum Glück sind wir in unseren Gärten keineswegs mit einer derartigen Plage in Gestalt von Wanderameisen konfrontiert; zudem stehen wir – im Gegensatz zu jenem verzweifelten Helden – heute nicht mehr allein auf weiter Flur.

Wenn Sie zur Schädlingsbekämpfung umweltfreundliche Fallen aufstellen oder andere adäquate Maßnahmen ergreifen, tun Sie nicht nur Ihrem Garten etwas Gutes, sondern auch dem des Nachbarn. Ob Sie einen Garten hinter dem Haus oder in einer Gartenkolonie haben – das Ungeziefer kann wie das Unkraut ein Mittel zum Zweck sein, eine tiefere Verbindung zur Natur und zu den Nächsten herzustellen. Denn sobald Sie Ihre wertvollen Pflanzen in verantwortungsbewusster Weise vor Schädlingsbefall schützen, vergrößern Sie damit Ihren Anteil an der geistigen Wirklichkeit. Das heißt, Sie werden ein Teil von ihr, und sie wird ein Teil von Ihnen. Dieses Band spiegelt sich dann in Ihrer Einstellung gegenüber den Nachbarn wider und harmonisiert die zwischenmenschlichen Beziehungen.

Neu entstandene Websites und Foren bieten dem Einzelnen die Möglichkeit, mit Herstellern von Schädlingsbekämpfungsmitteln sowie mit anderen Betroffenen direkt in Kontakt zu treten. Wenn Sie bereits Fallen von einer bestimmten Firma verwenden, können Sie diese per E-Mail auf ein lokales Problem mit Ungeziefer – oder eine von Ihnen bevorzugte umweltfreundliche Lösung – hinweisen. In schwereren Fällen können Sie ein Treffen mit den Nachbarn organisieren und zusammen mit ihnen eine Strategie entwickeln, um die Lage zu meistern. All diese Unternehmungen werden durch die heutigen Kommunikationstechnologien enorm erleichtert.

In den Vereinigten Staaten existiert seit einiger Zeit die Organisation *Neighborhood Bugwatch* (www.neighborhoodbugwatch.com), die es sich nach eigenem Bekunden zur Aufgabe macht, benachbarte Gärtner miteinander in Verbindung zu bringen, damit sie gemeinsam Schädlinge bekämpfen, Nützlinge anlocken und sich so besser kennenlernen.

Im deutschsprachigen Raum werden solche sozialen Netzwerke zum Beispiel über die Plattform *relenet* aufgebaut. Daneben gibt es den *Deutschen Schädlingsbekämpfer-Verband e.V.* (www.dsvonline.net), der einschlägige Informationen bietet.

Hans-Martin Lohmann, dem Geschäftsführer der Firma Neudorff, verdanke ich folgende Ausführungen zu den Schädlingen, die in Deutschland und den angrenzenden Ländern weit verbreitet sind.

## *Apfelwickler*

Der Apfelwickler ist ein
kleiner gräulicher Schmetterling
mit kupferfarbenem Fleck
am Ende der Flügel, der von
Ende Mai an zu fliegen beginnt.
Die weiblichen Falter legen 30 bis 60 Eier auf den Früchten oder
Blättern der Obstbäume ab. Nach zwei, drei Wochen schlüpfen die
Raupen, fressen sich in die Äpfel (oder Birnen) und verrichten ihr
berüchtigtes Zerstörungswerk.

Nach etwa weiteren vier Wochen verlassen sie die Früchte und
überwintern dann in einem Kokon unter der brüchigen Rinde. Bei
günstigen Bedingungen fliegt in den warmen Monaten August und
September eine zweite Generation und schädigt das reifende Obst.
Jede der genannten Phasen ist stark von Witterungseinflüssen und
geografischer Lage abhängig.

## *Kirschfruchtfliege*

Die Kirschfruchtfliege,
nur 3,5 bis 5 Millimeter lang,
fliegt je nach Temperatur zwischen
Ende Mai und Anfang Juli.

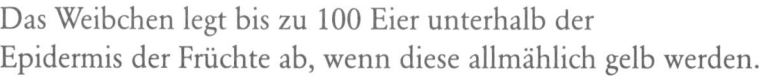

Das Weibchen legt bis zu 100 Eier unterhalb der
Epidermis der Früchte ab, wenn diese allmählich gelb werden.

Nach 5 bis 12 Tagen schlüpfen die Maden, die sich vom Frucht-
fleisch ernähren. Infolgedessen fault die Kirsche und fällt schließlich zu Boden. Die Larven, die nach etwa 30 Tagen ausgewachsen
sind, verlassen die Frucht, um sich im Erdreich zu vergraben und
zu verpuppen. Dort überwintern dann die Insekten.

## *Pflaumenwickler*

Der Pflaumenwickler ist ein unauffälliger grauer Schmetterling mit
einer Flügelspannweite von etwa 15 Millimetern, dessen Flugzeit
normalerweise im Mai beginnt. Die erste Generation verursacht

nur geringe Schäden, die zweite aber,
die zwischen Ende Juni und Mitte August
auftaucht, hat weitaus schlimmere Folgen,
weil die Früchte schon fast reif sind.
Aus den einzeln abgelegten Eiern schlüpfen
die Larven und bohren sich in die Pflaumen
(oder Mirabellen), aus denen dann oft eine
gallertartige Substanz quillt. Die ausgewachsenen Raupen verlassen
die abgeworfenen Früchte und verpuppen sich im Boden, wo sie
auch überwintern.

Um solchen und anderen Schädlingen Einhalt zu gebieten, ist es
ratsam, ihre natürlichen Gegenspieler in den Garten zu locken, zum
Beispiel Ohrwürmer, Wanzen oder Schlupfwespen, die ihre Eier in
die der Parasiten legen. Die Wespenlarven ernähren sich dann vom
Inhalt der Wirtseier und bringen diese zum Absterben. Zu den
wichtigen Nützlingen gehören auch Raubmilben, Raubmücken,
Florfliegen, Marienkäfer und Nematoden (Rundwürmer).

Daneben gibt es eine Reihe umweltfreundlicher Methoden, etwa Pheromonfallen, die man in Obstbäume hängt. Darin verfangen sich männliche Falter, wodurch die Paarung unterbunden und die Population verringert wird.

Ob wir Schädlinge bekämpfen oder Nützlinge begünstigen – entscheidend ist, dass wir uns mithilfe sozialer Netzwerke zusammenschließen und für eine gemeinsame Sache eintreten. So besinnen wir uns auf die innere Ökologie, unsere neu entdeckte geistige Perspektive, unseren Wunsch nach Teilhabe an der Natur und an den Mitmenschen – unabhängig von Hautfarbe, Religion oder Herkunft, die uns nur allzu oft voneinander trennen.

Aus diesem Grund und auf solche Weise kann die gärtnerische Ethik zu einer Art Sprungbrett werden für eine am Geistigen orientierte Gartenpflege.

## 21

### *Eine spirituelle Science-Fiction*
### *als Filmstoff*

Im Laufe der letzten hundert Jahre hat die Science-Fiction als eine Form von Eskapismus gerade in Zeiten der Krise große Anziehungskraft ausgeübt. Ganz gleich, wie düster die Lage war – Menschen konnten immer wieder Trost darin finden, den eigenen Problemen wenigstens für ein paar Stunden zu entfliehen.

Wenn die bisherige Science-Fiction mit großer Vorliebe den Kampf zwischen außerirdischen bösen Mächten und der Menschheit darzustellen vermochte, so wäre nun ein neues filmisches Genre denkbar – eine Art spirituelle Science-Fiction, die die Überwindung egoistischer Instinkte zugunsten einer geistigen Befreiung zum Thema macht.

Gemäß der Kabbala führen die Ursprünge dieses odysseeischen Abenteuers über mehrere Jahrtausende in die Vergangenheit zurück, als der göttliche Hauch das Geheimnis der Schöpfung und das Schicksal des Menschen in jeden der 22 Buchstaben des hebräischen Alphabets einschloss. Der Sohar erklärt: »Es heißt, als der Schöpfer daran dachte, die Welt zu erschaffen, waren alle Buchstaben regungslos und verborgen. Schon 2000 Jahre vor der Erschaffung der Welt blickte der Schöpfer in die Buchstaben und spielte mit ihnen.«[8]

Demnach enthält jeder Buchstabe, jedes Wort, jede Wortverbindung verschlüsselte Botschaften oder Anweisungen, wie der Mensch im Rahmen dieser geistigen Matrix seine Anschauungen läutert und zu immer höheren Einsichten fähig wird. Hierbei bezeichnet *Hochma* das Wissen, die Seele von egoistischen Trieben zu reinigen, während *Hassadim* auf das Licht des Herzens verweist, das Großzügigkeit und Hingabe fühlen lässt. Ohne jenes Licht gibt es keine Weisheit und damit auch keine geistige Befreiung.

Die Buchstabenreihen wurden dann später in den Worten der Bibel kodiert, die um den Garten kreisen: »Baum«, »Äste«, »Blät-

ter«, »Wurzeln«, »Rose«, »Gras«, »Unkraut« ... Sie alle dienen letztlich als Schlüssel für eine Korrektur in Geist und Seele. Dahinter
verbirgt sich der Gedanke, dass eine fürsorgliche Pflege der Pflanzen im Garten die Menschen mit der Natur und der darin wirk-
samen göttlichen Kraft auf besondere Weise verknüpfen würde. So
wäre die Trennung von ihr wenigstens zum Teil überwunden, und
der Einzelne könnte ganz seinen himmlischen Empfindungen
leben. Er würde die höchste Freude entdecken und sowohl im wört-
lichen wie auch im übertragenen Sinn die Wurzeln nähren.

Den Anfang bildeten die biblischen Patriarchen und ihre Nach-
folger mit äußerst fein gestimmten Seelen, die inspiriert genug
waren, solche Empfindungen tief im Herzen zu tragen, sie aufzu-
zeichnen und im hebräischen Alphabet zu verschlüsseln. Damit
schufen sie die Grundlage für das Alte Testament. Zugleich fiel
ihnen die Aufgabe zu, in jener geistigen Matrix die wesentlichen
Koordinaten zu bestimmen. Selbst ihre Namen bergen einen geistigen Wert. Das heißt, sie waren keine Erfinder, sondern – wie As-
tronomen, die einen Planeten im Fernrohr sichten – Entdecker des
unermesslichen Raumes, den die geistige Wirklichkeit ausfüllt.

Deshalb ist es nicht verwunderlich, dass viele der von ihnen zum Ausdruck gebrachten Wertvorstellungen in der modernen, ökologisch geprägten Ethik widerhallen und besonders auch einer geistig verstandenen Gartenpflege zugrunde liegen.

So kehren wir zum Ausgangspunkt zurück. Die neue spirituelle Science-Fiction könnte vor Augen führen, wie die himmlischen Kräfte von den unheilvollen Wünschen im Innern herausgefordert werden: der Kampf wie seit eh und je zwischen Gut und Böse, Richtig und Falsch. Vielleicht wäre der Gesang der Vögel das eine Leitmotiv, das beide Mächte kennzeichnet und voneinander unterscheidet. Einmal klänge er friedlich und heiter, dann wieder steigerte er sich zu einem schrillen, beängstigenden Stakkato. Und es wäre die betörende Melodie, die sich am Ende als die stärkere erweist, weil sie aus dem Geistigen kommt, das alle Gegensätze vereint – aus den Tiefen der Natur, vor der das Ich verstummt, um sich, geläutert, ihr vollkommen hinzugeben.

## 22

## Geistig ausgerichtete Gartenpflege
## und ökologische Ethik

$E$s besteht ein Unterschied zwischen der geistig ausgerichteten Gartenpflege und der ökologischen Ethik.

Die Erstere veranlasst den Menschen, zunächst die innere Ökologie zu verbessern, was zwangsläufig zu einer Verbesserung der äußeren Ökologie führen wird. Dieser Prozess ist vergleichbar damit, dass man den Wurzeln Wasser und Nährstoffe zuführt, um gesündere und schönere Pflanzen hervorzubringen.

Die Letztere wiederum resultiert aus bestimmten, von der Gesellschaft festgelegten Regeln und Vorschriften, denen sich das Individuum nicht unbedingt verpflichtet fühlt.

In einem der letzten Interviews, das mein Vater 1988 dem Kolumnisten Earl Arenson gab, beschrieb er die Vorteile seiner Methode, vor allem die Wurzeln zu nähren: »Wir tragen dazu bei, Pflanzen zu behandeln, die in eher unwirtliche Gegenden verpflanzt wurden, wo der Boden übersäuert ist, Wasser und Nährstoffe blockiert werden oder wo das Gras sie ihnen entzieht.«[9]

Anders ausgedrückt: Der *Root Feeder* bewässert die Erde und reichert sie an, damit die aus ihrer natürlichen Umgebung entfernten Gewächse gedeihen können. Im gleichen Artikel werde ich zitiert mit den Worten: »Was man unten hinzugibt, schenkt einem oben Gesundheit und Schönheit.«

Ich glaube, dass sich schon damals mein Denken am Geistigen orientierte. Offenbar war mir bewusst, dass derjenige, der seine Bäume und Sträucher im buchstäblich religiösen Sinn an den Wurzeln pflegt, die Fähigkeit entwickelt, Natur und Wirklichkeit in immer breiteren Spektren wahrzunehmen.

Indem wir empfänglich werden für die Ekstasen der Natur, erkennen wir unsere eigenen Fehler und die der Gesellschaft umso deutlicher. Je mehr die äußere Ökologie geschädigt wird, desto stärker regt sich das Bedürfnis, tiefer zu graben, die Wurzeln menschlicher Sehnsucht zu beleuchten und jene innere Reinigung zu vollziehen, die ihr zum Ausdruck verhilft.

Das gilt beispielsweise auch für die durch Treibhausgase verursachten Löcher in der Ozonschicht: Sie wecken in uns den Wunsch, dem Egoismus ebenso abzuschwören wie der Ideologie, derzufolge das Glück der Menschheit nur durch den Raubbau an der Natur, durch einen erzwungenen Fortschritt ohne Rücksicht auf Verluste zu gewährleisten sei.

Wir sehnen uns instinktiv danach, aus der Natur geistiges Licht zu empfangen, das ihre Weisheit übermittelt. Dieses Licht ist, wie die Luft, eingeschlossen in das vom Himmel fallende Wasser, der uns damit real und metaphorisch beschenkt. In dem Maße, wie wir unser Denken und Handeln mit diesem himmlischen Akt äußerster Großzügigkeit in Einklang bringen und uns davon leiten lassen, nehmen wir mehr auf von dem, was die Natur uns geben möchte, nähern wir uns jenem Zustand der Erfüllung an, der uns im Grunde bestimmt ist. Dabei lernen wir, mit anderen zusammenzuarbeiten und die Auswüchse des Egoismus noch konsequenter zu unterbinden. So tut ein jeder das Seine zugunsten einer Vision der künftigen Gesellschaft, deren Mitglieder gemäß dem harmonischen Vorbild der vegetativen Schöpfungen einen intensiven Austausch pflegen, einander fördern und vervollkommnen.

Folglich wären wir nicht mehr Sklaven unseres Eigeninteresses und unserer Habgier, sondern Diener der Natur, die trotz oder gerade dank der Technologie wieder in und mit ihr leben, ähnlich wie frühere Kulturen. Dann entspräche die innere Ökologie der äußeren, der Garten der Seele dem Garten vor unserer Tür.

Ein erster Schritt zu diesem Ziel bestünde darin, die Grenzen der körperlichen Sinne zu überschreiten und unsere Anschauungen von der Natur derart zu erweitern, dass uns deren Gesamtplan allmählich einsichtig wird. Wir müssen zum Beispiel verstehen, warum es überhaupt Unkraut gibt, das Nutzpflanzen, Bäumen und Blumen schwer zu schaffen macht, und wozu es uns herausfordert. Die Antwort ist einfach: Erst wenn wir es mit viel Mühe ausreißen, können sie gedeihen. Erst wenn wir uns von dem befreien, was den Zugang zur wahren Natur blockiert, kommen wir zur Entfaltung.

Das ist eine wesentliche Lektion, die wir lernen und dann auch unseren Kindern beibringen müssen. Wir sollten sie ermuntern, das Unkraut in geistiger Absicht zu entfernen. Auf diese Weise beginnen wir das nächste Kapitel in der menschlichen Evolution.

# 23

## *Ich habe einen Traum*

*A*ufgrund meiner Herkunft, meiner Erfahrung, meiner Einsicht und meines Elans glaube ich über eine besondere Perspektive zu verfügen, um meine Vision von der künftigen Gartenkultur darlegen zu können. Sie entspringt dem gleichen Geist wie Martin Luther Kings berühmte Rede *I Have a Dream* oder Barack Obamas Kampagne *Change for America*.

Vor etwa 30 Jahren kam Gerd Horstmann von der Firma Horstmann & Co., die damals ihre Rosenzüchtungen per Katalog in ganz Deutschland verbreitete, nach Washington D.C. und überreichte Präsident Jimmy Carter 100 Camp-David-Rosen. Am nächsten Tag flog er weiter nach Israel, um der Knesset einige solcher Rosen zu schenken. Das war eine Geste des Gedenkens, des guten Willens und des Friedens.

Seitdem haben sich die Zeiten geändert, die Spannungen in der Welt sind größer geworden, und es steht noch mehr auf dem Spiel. Von daher scheint es dringend geboten, die Leidenschaft für die Natur und insbesondere für die Gartenkultur auf der globalen Ebene zu entfachen. Die Völker der Erde müssen sich auf ein gemeinsames Symbol einigen, und dieses ist der Garten, den es zu hegen und zu pflegen gilt. »Weed out Hate« – »Reißt den Hass aus« – das wäre ein weltweiter Aufruf zum Handeln, der sich bestens für einen Aufkleber eignete.

Daher träume ich davon, im Garten des Weißen Hauses einen Birnbaum zu pflanzen, der von einer großen Fläche mit Unkraut umgeben ist. Kinder aus aller Welt wären aufgefordert, das für ihr Mutterland typische Unkraut auszureißen. Diese Aktion müsste auf sämtlichen Kontinenten publik gemacht werden. Denn jedes Mal, wenn jemand ein Unkraut mit der richtigen Absicht jätet, bessert sich die Seele dieses Menschen, wobei er eine bisher unbekannte Empfindung entdeckt und eine neue Farbe wahrnimmt.

Werden all jene Empfindungen und Farben verinnerlicht, ergeben sie zusammen die einzigartige Ökologie der Seele. Für einen Augenblick würde die Menschheit der kollektiven inneren Farben gewahr, aus denen liebevolle, durch gegenseitigen Respekt charakterisierte Beziehungen resultieren, anstatt auf äußeren Unterschieden herumzureiten, die Hass und Trennung bewirken.

Ich träume auch davon, Präsident Barack Obama, dem Friedensnobelpreisträger des Jahres 2009, einen *Root Feeder* zu überreichen. Diese Erfindung meines Großvaters, die so viele Gärtner der Natur nähergebracht hat, dient nun zusätzlich einem höheren Zweck.

Indem die Lanze unter das Unkraut dringt, die Wurzeln junger Bäume veranlasst, in der Tiefe nach Wasser und Nährstoffen zu suchen, außerdem den Boden sowie darin lebende pflanzliche und tierische Organismen regeneriert, verbindet sie uns wieder mit der Natur selbst. Dann erst verstehen wir allmählich, warum überhaupt Unkraut existiert: Wir sollen das starke und zielgerichtete Verlangen entwickeln, es zu beseitigen, also den Hass zu überwinden, damit unsere Absichten endlich mit denen der Natur übereinstimmen.

Jeder körperliche Zweig hat eine geistige Wurzel. Das heißt: Wer – metaphorisch gesprochen – den *Root Feeder* vorbei an den Samen des Egoismus tief in die Substanz menschlicher Sehnsucht einführt, erschließt zugleich die himmlische Quelle. Man stelle sich nur einmal vor, welche geistigen Energien freigesetzt würden, nachdem diese unkrautartigen Wucherungen getilgt und Milliarden von Menschen über ihre Selbstsucht hinausgelangt wären!

Dann würden wir alle gemeinsam etwas tatsächlich Neues schaffen – eine globale Gesellschaftsstruktur, die das unermessliche Licht der Natur aufnimmt und verinnerlicht, umformt und durch die gesamte Matrix leitet, sodass ein jeder die günstigen Auswirkungen dieser Transformation deutlich fühlen könnte. Es bliebe unsere wichtigste Freiheit – nämlich die Liebe, Großzügigkeit, Gnade der Natur im höchsten Maße auszukosten und weiterzugeben, wodurch wir nicht nur zu ihren Teilhabern würden, sondern zu wahren Mitgliedern der menschlichen Familie. Das ist ein wunderbares Ziel, für das zu kämpfen sich lohnt.

Aus der Perspektive der Natur mag die Lebensspanne eines Menschen so flüchtig sein wie ein Blitz, während ihm ein göttlicher Augenblick vielleicht wie eine Ewigkeit vorkommt. Aufgrund dieser tief empfundenen Dauer könnte er – beflügelt durch den achtsamen Umgang mit der Natur, erfrischt durch die Arbeit im Garten – wieder Geschmack daran finden, ein Bild der Zukunft zu entwerfen, aus dem der Hass verbannt ist.

Der innere Regenbogen mit seinen fünf Farben Rot, Gelb, Grün, Blau und Violett, die schließlich in weißes Licht übergehen, würde in jedem Einzelnen aufleuchten. Der himmlische Garten wäre nur ein paar Herzschläge entfernt.

# 24

## *Kabbala Park.*
## *Eine futuristische Vision*

Aus der Ferne ist der Eingang zum Park nicht zu sehen. Du trittst näher, stößt auf eine hohe, unüberwindliche Mauer, die dir zu fühlen verwehrt, was sich dahinter verbirgt. Nur die Ahnung, dass ein solches Bollwerk gewiss etwas besonders Wertvolles vor Schaden bewahrt, erregt deine Neugier. Im Weitergehen erspähst du plötzlich eine von dichtem Rankengewächs überwucherte Öffnung und erkennst, dass dich deine körperlichen Sinne die ganze Zeit getäuscht hatten. Was dir als steinernes Hindernis erschien, ist in Wirklichkeit eine vegetative Membran, die du zu durchdringen vermagst. Schon bist du im Park, umfangen vom Gesang der Nachtigallen, der in deinem Innern widerhallt.

Nach wenigen Schritten wird dir bewusst, dass du dich durch ein Labyrinth bewegst: ringsum Obstbäume und Sträucher aus exotischen Gegenden, die wunderbaren Duft verströmen und die Erinnerung an den Geschmack ihrer Früchte wecken. Du gehst weiter, vernimmst jenseits des Vogelgesangs neue, unerwartete Laute, die *Melodien der oberen Welten.* Sie wurden komponiert von dem Kabbalisten Yehuda Ashlag, der die innere geistige Musik solcher biblischen Figuren wie Abraham, Jakob, Isaak, Moses erforschte und daraus verborgene Anweisungen für spirituelle Entwicklung ableitete, um sie als Koryphäenlieder wiederzugeben. Mit jedem rhythmischen Takt verinnerlichst du das Gefühl von Aufstieg und Fall, das jene Urväter empfunden haben mussten, als sie die geistige Wirklichkeit erfassten und aufzeichneten.

Intuitiv beginnst du zu verstehen, dass dies nicht nur ein Labyrinth ist, sondern ein Spiegelbild deines Seelenlebens. Jetzt sind es Spottdrosseln, die mit ihrem Singsang schlechte Gedanken und Neigungen heraufbeschwören. Du bist beschämt und erkennst allmählich, welches Unheil der Egoismus anrichtet. Die Einsicht treibt dich vorwärts. Im Gegensatz zu den Spottdrosseln bewirken die

*Melodien der oberen Welten* die höchste Wonne, die dein Herz je erfahren hat. Das ist der Ruf der Natur, der dich zur Mitte des Labyrinths führt. Die *Melodien* schwellen an, werden immer betörender.

Schließlich erreichst du die magische Mitte. Nun wird das Denken von der Macht der Musik völlig in Besitz genommen. Du erblickst einen riesigen, silbern glänzenden Obelisken auf vulkanischem Gestein – Zeichen der Anerkennung, dass der Mensch sich innerlich gereinigt, seinen Egoismus überwunden und den Durchbruch in die geistige Wirklichkeit geschafft hat. Der Obelisk besitzt die Eigenschaft, die liebende und ausgleichende Kraft der Natur, die aus dem Übernatürlichen rührt, anzuziehen und zur Erde zu leiten.

Kein früheres Erlebnis hätte dich auf das folgende Geschehnis vorbereiten können. Am Himmel türmen sich dunkle Wolken auf, und in Sekundenschnelle trifft ein Blitz den Stab auf der Spitze des Obelisken. Du hast die Natur durchwandert, um an diesen Punkt zu gelangen, und sie ist bereit, dich mit Regen zu belohnen. Die Energie, die du darin spürst, hat auf dich eine befreiende Wirkung. Weit oben spannt sich ein Regenbogen, der auch in deinem Herzen aufscheint und das ganze Spektrum von Rot über Gelb zu Grün,

Blau und Violett umfasst, um schließlich wieder weißes Licht zu sein. In jedem Tropfen ahnst du die tiefe Weisheit, die dem Plan der Natur zugrunde liegt. Da dämmert dir, dass dein Gang durch das Labyrinth in einen Regentanz münden sollte, ausgelöst durch den einschlagenden Blitz.

Im Einklang mit den *Melodien* strömt frischer Hauch in deine Seele. Du stößt die verbrauchte Luft aus, atmest tief ein. So fährst du fort, bis die Atmung mit dem Rhythmus der Pflanzen, der Vögel und der winzigen Tiere im Garten übereinstimmt. Dein Herz, das allzu lange kalt und abgestumpft war, wandelt sich. Es pumpt nicht nur Leben durch deinen Körper, sondern strahlt es in die Umgebung aus. Die Pflanzen verstehen diesen pulsierenden Drang und reagieren darauf in der einzigen Weise, zu der sie fähig sind. Wie durch Zauberhand beschleunigt sich ihr Wachstum. Die Blumen erblühen in den herrlichsten Farben, die du noch nie gesehen hast, und jede ihrer Nuancen entspricht einem Seelenzustand. Die Bäume ringsum vereinigen sich zum inneren Baum, der dich wieder mit deinen geistigen Wurzeln verbindet, also auch mit der Quelle allen Lebens.

Die Nachtigallen haben ihre Jungen ausgebrütet, die sich bald über das ganze Land verteilen werden. Dort warten Millionen von Gärten auf sie – und ebenso viele Gärtner, die ein geistiges Erwachen erleben möchten.

Die vom Blitz freigesetzte Energie übt ihren Einfluss aus und stellt zwischen den Parkbesuchern neue Beziehungen her, was auch dir das Gefühl gibt, mit ihnen in engem Kontakt zu sein. Sie definieren sich nicht mehr durch ihre konkurrierenden Eigeninteressen, sondern durch eine gemeinsame Absicht – fürsorglich miteinander umzugehen und aufgrund dieser Voraussetzung einen fürsorglichen Umgang mit der Natur zu ermöglichen. Denn er findet nur dann statt, wenn zwischen den Menschen ein geistiges Band besteht. Der Einzelne weiß ebenso wie die Gemeinschaft, was dafür zu tun ist, welchen Beitrag die Natur von jedem fordert, um ihre Fülle und ihren Reichtum weiterhin zu offenbaren.

Mit diesem Versprechen auf ein *Land des Morgens* verlässt du den Kabbala Park – und in der Gewissheit, dass seine Einlösung wesentlich von drei Faktoren abhängt: fein gestimmte Wahrnehmung, innere Umkehr und geistiger Aufschwung.

* * *

Ehe du diese Reise unternahmst, hattest du wohl den Eindruck, dein Egoismus sei lediglich ein gesunder Drang nach Erfolg. Du warst dir nicht im Klaren, wie viele Menschen du auf dem Weg hinauf unterdrückt und verletzt hast. Du glaubtest, es gebe für dich keine andere Möglichkeit, als dich mit den Tatsachen abzufinden – und mit der tiefen Enttäuschung, die du selbst verspürtest. Das grobe Verhalten einiger Personen in deiner Umgebung diente dir als Rechtfertigung für die eigene Rücksichtslosigkeit.

So denken und handeln viele. Deshalb kann der Kabbala Park niemals für jeden geöffnet sein. Wenn die Masse ihn durchqueren wollte, würde sie in seinem Labyrinth auf eine Mauer stoßen, die weder zu überqueren noch niederzureißen wäre. Zahlreiche Menschen sind außerstande, den Ruf der Nachtigallen zu hören. Sie versuchen bloß, dem Leben zu entfliehen. Doch um etwas wahrzunehmen, zu erkennen oder zu erschaffen, muss man es zuerst im Herzen fühlen. Nur dann wird die Mauer, Symbol der inneren Versteinerung, zur elastischen Membran, die Zugang gewährt in die geistige Dimension.

Von solchem Wissen inspiriert, begreifst du, dass die Kraft hinter den Spottdrosseln und die Kraft hinter den *Melodien* ein und dieselbe war. Sie nahm unterschiedliche Formen an, um dich zu einer inneren Korrektur zu veranlassen, wodurch du dann deine Einstellung und dein Verhalten gegenüber der Natur korrigieren und ihre herrlichen Geschenke empfangen konntest.

Von nun an wird die Gartenarbeit, ob individuell oder kollektiv, einen höheren Zweck erfüllen. Die Schöpfungen der Natur sind gewillt, mit dir zu kommunizieren. Du antwortest ihnen, gibst einer Blume frisches Wasser, pflegst eine Rose, führst den Wurzeln eines Baumes Nährstoffe zu, rupfst Unkraut aus – unter deinem grünen Finger gedeiht alles prächtiger denn je und trägt umso köstlichere Früchte. Der Samen der Achtsamkeit und der Hingabe ist aufgegangen in deinem Herzen.

Der neue Garten ist extrem aufgeladen mit geistiger Kraft. Hast du ihn in der Vergangenheit als einen Ort für kurzzeitige Erholung betrachtet, so sind deine Motivationen jetzt viel tiefer verwurzelt und höher ausgerichtet – du siehst voller Erstaunen, wie natürliche und übernatürliche Macht darin harmonisch zusammenwirken.

Es umgibt dich eine besondere Aura, die andere Menschen spüren und die sie genauso beeinflusst wie die Pflanzen im Garten. Dein Vorbild ermuntert auch jene, die noch nie Lust dazu verspürten, einen Spaten zur Hand zu nehmen und Erde umzugraben. So werden sie eines Tages ebenfalls zu spirituellen Gärtnern.

Diese Bewegung dehnt sich immer weiter aus. Zahllose Nachtigallen sind ausgeschwärmt, um ihre beseligende Botschaft über den ganzen Planeten zu tragen und denen zu überbringen, die sich unmittelbar mit der Gestaltung der Umwelt befassen: Politiker, Wissenschaftler, Landschaftsarchitekten. Sie sind aufgefordert, weitere Kabbala Parks anzulegen und all jene trennenden Mauern zu beseitigen, die Menschen ins Unglück stürzen und von ihrer eigentlichen Bestimmung fernhalten.

Willkommen im himmlischen Garten! Möge die geistig orientierte Gartenpflege die Seelen der Menschen erwecken, bezaubern und miteinander verbinden.

## *Nachwort*

*D*er Computer und später das Internet haben die Art und Weise, wie wir Informationen erhalten und verarbeiten, radikal verändert. Plötzlich sind wir in der Lage, praktisch alle gewünschten Informationen in Sekundenschnelle zu bekommen. Niemand kann behaupten, dass diese Technologie keine Vorzüge aufweise, doch leider ist sie auch mit großen Risiken behaftet. Aufstieg und Erfolg im Leben werden mehr und mehr zu einem computerisierten Pokerspiel. Dabei haben viele von uns ihre Seele verloren. Im Wunsch, jedes Bürogebäude, jedes Zuhause, jede Schule mit Computern auszustatten, kam uns die Verbindung zur Natur abhanden. So befinden wir uns nach innen und nach außen im Zustand einer doppelten Entfremdung. Aber inmitten dieser digitalen, oft zynischen Welt tauchen zunehmend Leuchttürme auf, deren ausgesandte Strahlen jene vergessene Botschaft der geistigen Wahrheit übermitteln, um sie uns erneut zu Bewusstsein zu bringen.

Wie flüchtig ist das Leben eines Menschen im Hinblick auf das eines Baumes? Wir müssen wieder in Zeiträumen denken, die uns übersteigen, und dieser Idee verleihen wir besonders dadurch Ausdruck, dass wir private und öffentliche Gärten behutsam pflegen und ihnen sowohl in unserer Vorstellung als auch in der Praxis den höchsten Wert beimessen.

Welches Gewächs wäre hier besser geeignet als der Birnbaum, um den Beginn einer Epoche im Zeichen der Spiritualität zu markieren? Indem wir ihn im eigenen Garten anpflanzen, vollziehen wir den Übergang vom bloßen Nutzgarten zum geistig ausgerichteten Garten. Bislang war die Birne einfach nur eine köstliche Frucht, die man verzehrt oder aus der man Obstbrand herstellt. Nun aber erinnert sie uns in erster Linie an den im Geist eingeschlossenen Geist – daran, dass auch wir bestimmte Reifestadien durchlaufen mit dem Ziel, uns innerlich zu reinigen und auf immer höhere geistige Ebenen zu gelangen. Mit anderen Worten: Jeder von uns trägt das Symbol dieser Birne in sich, die tiefgründig mit der himmlischen Quelle verbunden ist.

Wenn wir dann tagaus, tagein das Unkraut um den Birnbaum ausreißen, fühlen und erkennen wir abermals, was unsere Vorfahren einst fühlten und erkannten: einerseits die uns allen gemeinsamen Wurzeln, andererseits den geistigen Grund allen Seins. Nähren Sie also diesen Baum an den Wurzeln, schneiden Sie seine Zweige zurück, schützen Sie die reifende Frucht gegen Ungeziefer. Das spontane Hochgefühl, das Sie dabei empfinden, wird Sie derart trunken machen mit Geist, dass Ihre Seele zwischen dem angeborenen teuflischen Instinkt und der vom Himmel gesandten Liebe nicht mehr unterscheiden kann.[10] Sie werden wieder in Einklang mit der Natur leben.

# *Danksagung*

*A*ufgewachsen in einem Zuhause, wo die beruflichen Interessen um Gartenprodukte kreisten, hatte ich das große Glück, die Liebe der Familienmitglieder erwidern zu können und darüber hinaus meinen Beitrag für eine ganze Branche zu leisten.

Einige der talentiertesten Individuen, beschäftigt mit der Vermarktung wichtiger Artikel rund um den Garten, die Sie benutzen und denen Sie vertrauen, standen mir bei der Arbeit an diesem Buch mit Rat und Tat zur Seite. Viele ihrer Überlegungen und Hinweise bezüglich dessen, was die Gartenpflege ihnen persönlich bedeutet, sind durchaus originell. Dank der Anregungen von solchen Experten wie Jim Hagedorn, Hans-Martin Lohmann, Dr. Helmut Sauer, Wolfgang Schneider, Dick Grandy, Arnim Weyrich, Gerd Horstmann und Jürgen Reuling habe ich versucht, die heute unter Hobbygärtnern vorherrschende Gesinnung zu ergründen und in anschaulicher Weise darzustellen.

Mein Dank gilt insbesondere auch Dick Weinrib von MVP-Design, zumal deshalb, weil er das soziale Netzwerk Neighborhood Bugwatch ins Leben rief und die Website www.weedouthate.org konzipierte.

Darüber hinaus ist es mir ein Anliegen, das Engagement und die Einfühlungsgabe des Bearbeiters und Übersetzers Jochen Winter hervorzuheben. Er hat meine innere Rhetorik ebenso kompetent wie eloquent ins Deutsche übertragen.

Vor allem aber möchte ich Michael Laitman dafür danken, dass er mir half, den inneren Baum zu entdecken, zu gestalten und sichtbar werden zu lassen. So war es mir möglich, die damit verbundenen Erkenntnisse und Empfindungen an zahlreiche andere Liebhaber der Natur weiterzugeben.

# *Anmerkungen*

[1] Siehe *http://www.kabbalah.info/germankab/yehuda-ashlag-artikel-138*.

[2] Edward Zerin, Kabbalah: A Developmental Psychological Model, in Journal of Psychology and Judaism, Bd.21, Nr. 2/1997, S. 135–147.

[3] The Charlotte News, 31. Januar 1967, S. 7A.

[4] Vgl. Jan Guillou, Der Kreuzritter Rückkehr, übersetzt von Holger Wolandt, München: Heyne Verlag 2009, S. 7f.

[5] Michael Laitman, webcast lecture: *http://www.kabbalahmedia.info*, 22. Januar 2008, Rabash Letter No. 18, Lektion 1.

[6] Michael Laitman, a.a.O.

[7] Layan Dawud Said, PhD an der University of California, Riverside, CA, Soil Physics (Ausschnitt aus dem noch unveröffentlichten Werk).

[8] Michael Laitman, The Zohar, Toronto: Laitman Kabbalah Publishers 2007, S. 92.

[9] The News Post Leader, Frederick, Maryland, 24. Februar 1988, S. 3.

[10] Anspielung auf jene kabbalistische Geschichte, die von der letzten Korrektur der Menschheit handelt. Hierin liegt letztlich auch der Sinn des jüdischen Purimfestes. Vgl. Shamati Articles, An Article for Purim: *http://www.kabbalah. info/eng/content/view/full/31785*.

# *Bildnachweis*

# Die Meditations-CD

in diesem Buch enthält Kapitel 24 »Kabbala Park – Eine futuristische Vision«

Musik: »The Music of Kabbalah« Copyright © 2003 by Michael Laitman

Sprecher der deutschen Fassung: Carsten Fabian

Aufnahme: Downhill Studio Tom Peschel, München 2011-01-14

Regie: Susanne Aernecke, Produktion: afpmunich

Text aus dem Amerikanischen übersetzt von Jochen Winter

© 2011 Marc Daniels

© 2011 Ullstein Buchverlage GmbH

CD mit 6 Tracks, Total Time: 39:30

> **Achtung!**
> *Die beiliegende CD enthält Meditationen, die für ein Abspielen während des Autofahrens oder anderer Tätigkeiten, die Ihre volle Konzentration verlangen, ungeeignet sind.*

# Der Autor

Der Amerikaner Marc Daniels ist der Enkel des Erfinders Ross Daniels (Ross' Root Feeder®), lernte in Deutschland Gartenbau, studierte bei Michael Laitman Kabbala und bereist Deutschland seit über 30 Jahren. Zur Zeit leitet er ein internationales Import/Export-Unternehmen. Sein Buch entstand aus der jahrelangen Beschäftigung mit den spirituellen und ökologischen Aspekten in der Gartenarbeit.